现代环境艺术设计与特色小镇建设融合研究

迟亦然◎著

吉林出版集团股份有限公司
全国百佳图书出版单位

图书在版编目（CIP）数据

现代环境艺术设计与特色小镇建设融合研究 / 迟亦然著 . -- 长春 : 吉林出版集团股份有限公司 , 2023.5
ISBN 978-7-5731-3598-8

Ⅰ . ①现… Ⅱ . ①迟… Ⅲ . ①中小城镇 - 环境设计 - 研究 - 中国 Ⅳ . ① TU984.2

中国国家版本馆 CIP 数据核字 (2023) 第 104706 号

现代环境艺术设计与特色小镇建设融合研究

XIANDAI HUANJING YISHU SHEJI YU TESE XIAOZHEN JIANSHE RONGHE YANJIU

著　　者　迟亦然
责任编辑　赵　萍
封面设计　李　伟
开　　本　710mm × 1000mm　　1/16
字　　数　220 千
印　　张　12.25
版　　次　2024 年 1 月第 1 版
印　　次　2024 年 1 月第 1 次印刷
印　　刷　天津和萱印刷有限公司

出　　版　吉林出版集团股份有限公司
发　　行　吉林出版集团股份有限公司
地　　址　吉林省长春市福祉大路 5788 号
邮　　编　130000
电　　话　0431-81629968
邮　　箱　11915286@qq.com
书　　号　ISBN 978-7-5731-3598-8
定　　价　74.00 元

作者简介

迟亦然，女，1989年生，硕士研究生学历，毕业于齐鲁工业大学艺术设计专业。现任烟台南山学院艺术与设计学院环境设计系教师，讲师，主要研究方向为环境设计理论与应用、特色小镇建设研究等。

2018年获校级教学比赛二等奖；

2019年烟台市哲学社会科学规划课题《烟台市乡村特色小镇旅游可持续发展研究》立项并结项；

2020年烟台市哲学社会科学规划课题《乡村振兴背景下烟台新型乡村社区与地域性文化融合的景观规划设计研究》结项；

2021年山东省传统文化课题《山东省传统文化与特色小镇生态旅游建设融合性研究》立项并结项，2021年艺术教育专项课题《山东省非物质文化遗产传承与创新在高校艺术教育的应用研究》立项并结项；

2022年于《科技进步与对策》发表作品“酒店空间设计”等。

前　言

环境艺术作为一门学科，在我国仅有20多年的历史，但作为一种美化人类生存环境的思想、方法和手段，可追溯到远古洪荒时期，并随着人类社会的不断进步、发展，影响着民宅庭园的形态、格局和建城安邦的形制和风貌。传统的环境艺术观念建立在安身立命的基本需求之上，崇尚自然、效法自然，所谓“仰观天象，俯察地理”“人法地、地法天、天法道、道法自然”，追求的是“天人合一”的和谐。

随着科学技术的发展和进步，人们的生活水平日益提升。渐渐的，人们不再满足物质生活的需要，开始追求精神生活的富足。正是在这样的背景下，我国着手建设特色小镇。特色小镇培育从浙江探索到在全国范围的推广才短短几年，就已经在全国各地产生了极大的影响，并体现在很多城市和区域的经济社会发展战略中。本书研究的侧重点在于环境艺术设计与特色小镇的结合发展路径，以期为特色小镇的建设提供新的思路。

本书第一章为环境艺术设计概述，分别介绍了环境艺术设计的基础理论、环境艺术设计的基础原则、环境艺术设计的特征、环境艺术设计的生态理念四个方面的内容；本书第二章为现代环境艺术设计的综合发展，主要介绍了三个方面的内容，依次是现代设计思潮的未来发展趋势、环境艺术设计的美学研究、传统元素与现代科技在环境艺术设计中的应用；本书第三章为特色小镇发展概况，分别介绍了三个方面的内容，依次是特色小镇的基本概念与内涵、特色小镇的共性特征、特色小镇发展现存主要问题与反思；本书第四章为特色小镇创建规划的科学路径，依次介绍了特色小镇规划的关键因素、特色小镇建设基本原则、特色小镇的类型与特点、文化场域下的特色小镇发展四个方面的内容；本书第五章为现代环境艺术设计与特色小镇的融合发展，主要介绍了四个方面的内容，分别是建筑设计与特色小镇建设的融合发展、景观设计与特色小镇建设的融合发展、园林设计与特色小镇建设的融合发展、室内设计与特色小镇建设的融合发展；本书第六章为特色小镇案例分析，介绍了西湖艺创小镇、弥渡密祉音乐小镇两个主要的案例。

本书内容系统全面，论述条理清晰、深入浅出。在撰写本书的过程中，作者得到了许多专家学者的帮助和指导，参考了大量的学术文献，在此表示真诚的感谢！

限于作者水平有不足，加之时间仓促，本书难免存在一些疏漏，在此，恳请同行专家和读者朋友批评指正！

迟亦然

2022 年 12 月

目　录

第一章　环境艺术设计概述

本书第一章为环境艺术设计概述，分别介绍了环境艺术设计的基础理论、环境艺术设计的基础原则、环境艺术设计的特征、环境艺术设计的生态理念四个方面的内容。

第一节　环境艺术设计的基础理论

一、人体工程学

人是室内外空间环境系统的主体，海德格尔在《存在与时间》中对空间问题进行了探讨："大部分时间中，尤其是移动时，我们的身体是感知空间的媒介。"[①]一般情况下，我们习惯于通过亲身参与各种活动来获得对空间的感知，这样一来，人的身体就成为衡量空间的一个天然标准。而人类本身的复杂性，包括其社会、文化、政治及心理因素，都要求环境艺术设计要特别注重人在场所中的体验，关注普通人在普通环境中的活动，强调场所的物理特性、人的活动和含义的三位一体的整体性。因此，设计师必须掌握人体工程学、环境心理学等方面的知识，深入研究人的生理、心理、行为特点对空间环境的要求，并作为设计的依据，使环境设计真正做到"以人为本"。

艺术设计需要跟审美要求相互协调，也就是说，人体工程学所提供的科学参数，以及一些有关感觉的资料，能够给人的生理和心理带来一种舒适感，并为向审美的转化提供必要的条件。

对于"人体工程学"的含义，目前学术界还没有一致的见解，真可谓仁者见仁，智者见智。国际人类工效学学会（International Ergonomics Association）认为："人体工程学是一门研究人在某种工作环境中的解剖学、生理学和心理学等方面

① 海德格尔．存在与时间［M］．北京：商务印书馆，2019.

的各种因素；研究人和机器及环境的相互作用；研究在工作中、家庭生活中和休假时怎样统一考虑工作效率、人的健康、安全和舒适等问题的学科。”[①] 而在一些日本学者看来，人体工程学就是通过有效的手段，探知人体的工作能力及其极限，目的是让人们所从事的各种工作趋向于适应人体解剖学、生理学、心理学的各种特征。

虽然“人体工程学”的定义有多种，但其中有一点是非常清楚的，那就是在高科技的环境下人们更加强调产品的人性化属性。由此，我们也可以认为“人体工程学”是人类艺术设计和生产向着高级化、人格化和完善化方向发展的产物，是人与技术在高科技时代走向高度统一的必然结果，其基本任务是研究人与产品之间的协调关系，寻找人和产品之间的最佳协调点，为设计提供依据。

（一）人机系统的美感特征

什么是人机系统的美感？人机系统的美感主要是指将人机系统的美作用到审美主体上，从而使审美主体产生愉悦感和舒适感。产业工人都有这样的体验，即当体力、精力处于最佳状态时，操作先进的机器，不但能提高工效、生产出优质产品，而且操作者也会感到身体舒适、精神愉快。这种舒适感和愉快感就是人机系统中的美感表现。人机系统的美感之所以是特殊的心理感受，是因为人机系统中的人要付出巨大的脑力和体力，这当中就渗透着人的生理因素。

人机系统的美感与一般美感的共同点是客观美的反映。一般美感是对美的事物的反映，人机系统的美感则是对人机系统美的反映。尽管如此，它们之间也存在着不同点。

首先，人机系统的美感注重的是人是否具备操作机器的生理承受力。如果人的生理承受力达不到机器操作的要求，那么人与机器之间的调和关系就会遭到破坏，因此也就失去了人机系统的美。这样一来，人机系统的美感也就不复存在。

其次，人机系统的主要功能就是产出产品。而有了产品，就必须强调效益，一个是经济效益，另一个是社会效益。简单来说，就是人机系统的美感具有明显的功利性。通常来说，美感不应跟功利性有某种联系。但是，人机系统的美感不仅有功利性，而且还特别强调功利性。也就是说，产品所产生的效益越高，整个人机系统就越具备审美价值。

① 刘涛，周唯．人体工程学［M］．北京：中国轻工业出版社，2017.

人机系统的美感特征主要表现在以下三个方面：

1. 视觉和谐

人机系统中的机械设计及其性能，环境选择及其布局要与人的视觉感官剖析特征相统一。我们知道，人的视野是有限的。人眼可视颜色范围为：白色 180°、黄色 120°、蓝色 100°、红绿色 60°。这也就是说，不同的颜色，其视面是有所变化的。因此，机械的装置、环境的选择都要满足人的颜色视面的要求。与此同时，人体测量还表明：视野中心超过 50°～60° 为无形区，40°～50° 为模糊区，30°～40° 为清晰区。由此，我们的机械设计和装置应以选择视野中心清晰区为原则。如果机械设计、环境选择都不在人的视野中心，那就破坏了人机环境的有机统一，就会失去视觉的和谐。正因为如此，人们在机械设计、环境布置时，必须严格按照人的视觉规律来进行。否则，就会违背人机系统的审美要求。科学一再验证，人眼识别的灵敏性会随着视角的扩大而急剧下降。当视角为 0° 时，识别灵敏性为 1；当视角为 5° 时，识别灵敏性就会下降 1/2。这就要求机械设计要与人的视角相统一。不仅如此，还要处理好机械设计与人眼运动的统一。

人的视觉具有以下五个特征：

第一，眼睛沿水平方向比沿垂直方向运动快，因此，人先看到水平方向的形体，后看到垂直方向的形体。

第二，人的视觉习惯往往是由左到右，从上到下。如在观察圆周状的结构时，人的习惯是沿顺时针方向看。

第三，眼睛作水平方向运动时比作垂直方向运动时会感到轻巧，因为水平方向的尺寸估测比垂直方向的尺寸估测要准。

第四，当眼睛偏离视中心观察形体时，在偏离距离相同的情况下，第一象限的观察率最高，第四象限的观察率最低。观察率从高到低的顺序依次为第一象限、第二象限、第三象限和第四象限。

第五，眼睛对直线的感受比对曲线的感受更容易。

因此，无论是在艺术设计还是在环境布置的过程中，都必须充分考虑视觉的这些特点，这样才能使机械运动、环境布置满足人的视觉要求，从而达到视觉上的和谐。这不仅会使劳动者在劳动过程中减轻疲劳，提高生产的效率，还会使劳动者在劳动过程中因为视觉上的和谐而获得愉悦感。

2. 听觉协调

艺术设计及性能，环境选择与布局，要与人的听觉相统一。一个人的听觉器官接受声响的承受力是有限度的。调查材料表明：如果劳动者经常在 90 分贝以上的噪声条件下工作，每天以 8 小时计算，那么 10 年以后约有 10% 的人会出现持久性的听力损伤。这是因为，噪声通过固体、液体或气体传导，会在音频范围内随机振荡发出声响，如空气动力噪声、机械噪声、电磁噪声等。人们在生活和工作中，最厌烦的就是噪声。当噪声强度超过了 135～140 分贝时，就会让人产生心烦意乱的感受，并使人肌肉收缩，导致体力被大量消耗，从而引起情绪上的异常反应。在这种情况下，听觉失去了协调，从而进一步损害人体健康，劳动生产率也随之下降。

人机系统中的听觉协调是人机系统美感的重要体现。凡是在听觉协调条件下劳动的人都可获得劳动的审美愉悦。这种审美愉悦产生的原因是多方面的：首先是精神舒畅，因为劳动条件与精力承受保持了平衡；其次是身体舒展，因为体力与劳动条件保持了一致；最后是由于劳动生产率提高了，劳动者享受到了自己劳动成果带来的喜悦等。在科学技术飞速发展的今天，促使听觉协调，不断地克服噪声，为劳动者创造良好的劳动条件，已是人机系统美学的一种重要的技术要求。它不仅是保护劳动者身心健康，提高劳动生产率的要求，也是劳动者在劳动中审美的一项要求。所以，国内外先进的企业家为克服噪声对劳动者心理和生理的消极影响，都采取了科学的措施，把噪声降到最低程度，积极创造条件，促使听觉协调，获取更多的美感。

3. 触觉平衡

人机系统的美感除了要求视觉和谐、听觉协调外，还要求触觉平衡。触觉平衡主要是指人机系统中的机械设置与人的体力付出相平衡，环境布局中的照明、温度、色彩与人的劳动需求相适应，这两方面的平衡一旦实现，就会使劳动者精力充沛、体力旺盛，坚持劳动并多出劳动成果。反之，则破坏了触觉平衡，不仅会影响劳动者的身心健康，使劳动生产率下降，还会使劳动者失去劳动的兴趣，从而产生精神上的负担。

触觉平衡首先表现在人与机械的关系上，即机械操作所需的力与操作者所能承受的力的协调，即人机之间力的平衡。当机械操作所需的力适应于操作者在规定时间内完全可支付的体力时，操作者就会感到力所能及，并在操作过程中得心应手，自然而然地就会在劳动中获得快感。但是，当机械操作所需的力超过了操作者的承受力时，劳动者的身心反而会受到不同程度的损害。这样，人机关系就完全失去了审美要求。

由上可见，控制器的设计目标是让操作者在使用产品的过程中，能够安全、准确、快捷地进行操作。所以，在设计控制器的过程中，作为设计师，要将操作者的体型、生理和心理特征等要素都充分考虑进去，同时还要考虑人的能力限度，使控制器的形状、大小都具有宜人性。具体而言，控制器的设计应做如下考虑：

首先，在设计控制器时，要考虑人体测量数据、生物力学，以及人体运动特征等要素。控制器的操纵力、操纵速度、安装位置等，都应该适合大部分人使用。如果想要实现快速而准确的操作，控制器可以设计成用手指或手能够操纵的样式。对于需要用较大力度的操作，控制器可以设计成用手臂或者下肢操纵的样式。

其次，控制器的运动方向应该跟预期的功能和产品的被控方向相一致，也就是显示与控制应该相互吻合。例如，控制器向上扳动或者按照顺时针方向转动，从功能的角度来看，应该表示的是向上或者加强；从机器设备被控角度来看，应该是表示机器设备向上运动，或者机器设备向右转动。当产品运行呈上下直线运动时，控制器也应该上下直线运动；当产品转圈时，控制器应当采用手轮，比如汽车在转弯时，应该采用圆形方向盘。

再次，要尽可能地利用控制器的结构特点，如弹簧、杠杆原理等，也可以利用操作者身体部位的重力来进行设计。对于那些连续性或者重复性的操作，控制器应该尽可能使人的身体用力均匀，而不应该使操作者的身体只集中于某一部分用力，这样才能减轻操作者的疲劳感，进而保证其操作安全。

最后，要使人机系统的美感得到充分体现，就要使人机系统中人的条件和技术条件相统一，把恶劣的劳动环境对人的神经系统、工作能力的消极影响降到最低限度。机械设计、安装和使用，以及环境布置，都要满足人的心理和生理的需要，要为劳动者创造最佳的劳动环境，使人机系统工作的安全性和可靠性达到最大值。这也就是说，要解决好人机工程学与美学相关的问题，解决好颜色、光线、声音和气味的审美属性与人的心理、生理相统一的问题。只要做到这一步，就能使人机系统中的美感得以充分体现。

（二）人机系统中心理因素的美学效果

人是人机系统的核心，因为机器是人制造的，同时也是人所使用的。机器的制造美化了环境，也使环境能够满足人的某些需求。而只要机械设计、环境创造与人的心理愉悦达成统一，就会产生一种美学效果。

1. 情绪与工效

情绪是指客观事物满足人的需要所产生的一种心理体验。情绪是人的情感初始阶段，以心境、激情、反应的形态表现出来。其中，每一种形态都有积极和消极之分，因此，情绪可分为积极情绪和消极情绪。工效是工作效率，即在一定的劳动时间内，在保证产品质量的前提下所完成的产品定额。工效有高低之分。高工效是指在一定时间内完成或超额完成生产定额；反之，则为低功效。在人机系统中，劳动者的情绪与工效有着密切的联系。情绪是受客观事物和条件制约的：当客观事物和条件能满足人的需要，而人在心理上取得协调时，其情绪就饱满，即产生积极情绪；反之，则产生消极情绪。在人机系统中，人的情绪要积极而稳定。只有这样，才能保证人机系统各组成部分始终处于统一状态。

积极而稳定的情绪可以提高工效。据心理学家在产业工人中的调查可知：当劳动者的情绪处于积极而稳定的状态时，其工作效率能够在限额起点上升。例如，某工厂车间采光不合理，为此，对车间进行了改进，增加了光线的照明度，这不仅克服了劳动者的不愉快情绪，还使工作效率提高了5%～10%。而如果劳动者的情绪处于消极状态，那么其工作效率就会低于限额，并且产品的质量差。因此，人机系统中，要采取有效措施，使劳动者长久保持愉快的情绪。

2. 兴趣与工效

兴趣是人们在社会活动中积极探索研究某种事物或某种活动的心理倾向。兴趣不是无缘无故产生的，而是客体作用于主体引起的心理反应。这种反应因其划分标准不同，所以有不同的分类：根据主体的需要，可分为直接兴趣和间接兴趣；根据其自身的内容，可分为物质兴趣和精神兴趣；根据其持久性，可分为暂时兴趣和稳定兴趣等。人机系统处于高度和谐时必能给劳动者以极大的审美兴趣。这种兴趣必须是稳定的，同时必须是长时间起作用的。兴趣既是人机系统中人的直接或间接的需要，又是长时间地满足审美主体的需要。这是因为，它不仅可以满足人机系统的需要，还能够使人长时间地保持愉悦。

人机系统中，审美兴趣具有客观性。这种客观性是指当客观条件与人机系统中的人处于平衡时，就能使人的心理产生兴趣。当然，在这种条件下，人可按照其规律去创造，并促使兴趣与人处于平衡状态。这种产生于平衡中的兴趣，实际上就是反映与被反映的结果。而那种认为兴趣是纯主观的观点，是没有多大根据的。在人机系统中，审美兴趣的作用十分重要又非常明显。劳动者在生产过程中，一旦产生了这种兴趣，便可提高工作效率。这种兴趣既可促进劳动者树立正确的态度，又可使劳动者保质保量地按期完成生产任务。例如，某造纸厂通过增加部分投入，改善了劳动条件，再经过劳动优化组合，很快就调动了职工的积极性，其职工的出勤率达 97%，并每月都完成了生产任务，这给企业带来了生机。

3. 意志与工效

意志是人机系统中产生美学效果的一个重要心理因素，是人们为达到既定目的而自觉努力的心理状态。在改造客观世界的活动中，人们都可能运用其意志，而每个人的意志强弱不同，强意志对完成重大而困难的任务往往起着巨大的作用。可以说，强意志是克服困难、完成任务的一种内在动力。意志是人所独有的。人们无论从事何种工作，都是根据活动计划和社会需要，不断地创造条件、克服困难，实现预定的目的。例如，完成一项对国民经济有重大意义的科研项目，个体除了要具备个人的知识技能和研究能力外，还需要有吃苦耐劳的精神和坚持不懈的努力。一个人特别是在那种任务很重而又违背自己兴趣的情况下，能够克服难以想象的困难，完成必须完成的任务，这无疑是意志坚强的突出表现。由此可见，意志有三个方面的特征：一是有目的的心理现象；二是与克服困难，争取成功相联系的心理活动；三是以随意行动为基础的心理取向。这也就是说，人们要完成某项任务时总是受意志的控制，而不纯粹是自主的。

意志在人机系统中是不可缺少的因素，是比兴趣更深层的心理现象的反映。在人机系统中，人的意志坚强，便可克服困难，改造和革新设备，调整和改善劳动环境，创造条件，提高工效。据五个并转企业的调查显示，在并转以前他们都亏损严重，濒于破产。然而，造成这种现象的原因就是企业管理混乱，设备陈旧，年久失修，环境恶劣，“三废”严重。这严重地影响了职工的身体健康和劳动的积极性。当这些企业并转以后，加强了科学管理，更新了一些设备，改善了工人的劳动条件，这使劳动者的积极性得到了提高并增强了他们克服困难与完成生产任务的信心。在这种状况下，企业的面貌很快就焕然一新。其中，三个企业在六个月内扭亏为盈，其余两个企业也在六个月以后相继摆脱了亏损被动的局面。

在人机系统中，强调意志的作用时要以物质条件为基础。这种物质条件首先是劳动者的素质，包括身体健康状况、劳动态度、技术水平等。其次是较好的设备条件和环境。虽然我们应强调人的因素，但也不能离开上述条件。我们所言的人机系统中的意志，是指一定物质条件下劳动者的意志。如果离开了一定的物质条件讲意志，就有可能陷入片面的“唯意志论”。人机系统强调意志的作用，除了要以物质条件为基础外，还要善于调整人机系统中的矛盾，促进意志的稳定与加强。人机系统中的人机环境经常处于矛盾状态，企业的领导者与管理者要善于发现矛盾，正确地调整、处理矛盾，使劳动者的心理状态，特别是意志状态与机械、环境相和谐。这不仅可以提高工效，还可以满足劳动者的审美需要。而只有满足了劳动者的这些需求，才能获得人机系统中的美感效果。

（三）人机系统中生理因素的美学效果

在人机系统中，除了研究心理因素的美学效果外，还要研究生理因素是如何产生美学效果的。按照人体工程学的观点，人体的生理结构决定着人类感知外界事物的方式、方法和习惯，也决定着与之相一致的审美价值观。也就是说，当人的生理机能成为衡量产品好坏的标准，并贯穿艺术设计过程时，人体的生理结构也决定着产品外在形式向人靠拢的人性化特点。人体工程学的一些基本原理是实现人性化设计的重要基础，依据这些原理设计出来的工业品由于具有浓郁的人性化特点，因而深受消费者的喜爱，而这些原理很快就会渗透到各个领域的设计活动。而劳动者如何在付出最低的体力和脑力的前提下，保证其肌体功能处在最佳状态呢？如果这个问题解决了，就可以成倍地提高劳动生产率。

1. 肌体运动与神经控制的和谐

肌体运动是人体内各部分组织的活动。人们产生兴奋与抑制，总是受脑、脊髓和身体各部分纤维或纤维束的制约，即受神经系统的控制。人过于兴奋或过于抑制，都是一种失去生理控制的表现。劳动者在操作机器进行劳动时，付出的体力和脑力要在神经控制范围之内。如果人付出的体力和脑力过低，就没有工作效率，而如果过高则会引起疲劳。如果身体各部分超负荷活动，代谢产物（如乳酸）

积聚过多，能量物质储备耗尽，那么劳动者工作能力就会降低，甚至会暂时丧失工作能力。这种现象其实就是在一定时间内体力和脑力付出过多，神经失去控制而形成的过度疲劳。因此，肌体活动要在神经控制限度的范围内活动。只有这样，才能保证劳动者正常的体力和脑力的消耗，才能使劳动者始终保持适度的兴趣，保持一定的工作效率。

人体机能测量和生理实验室实验表明，机械设计与装置必须要满足劳动者两个方面的要求。一是机械设计与装置要为劳动者创造最好的劳动条件。如果机械设计与装置忽略了这一点，迫使劳动者在不舒适的劳动姿势下进行劳动，则不仅会使劳动者在劳动过程中倍感疲劳，还会使劳动者的生理机能受损，如破坏正常的血液循环、肌肉活动不均、超负荷部分损坏等。这样，劳动者的工作能力和工作效率就降低了。这充分说明机械设计要与操作者人体机能的生理数据相一致。环境条件也应该满足劳动者的生理要求。一个良好的环境，能够让劳动者在工作过程中，产生审美愉悦、减少精神疲劳、提高劳动积极性。因此，厂房要装置合理的照明，消除与减少噪声，控制机械振动频率。而如果频率都在 35 赫兹以上，就会导致劳动者患振动病。此外，还要保持良好的通风与正常的温度等。否则，肌体运动和神经控制就难以达到和谐，也就不可能创造人机系统中的美感，当然也就不可能提高工效了。

2. *劳动强度与疲劳恢复的协调*

劳动强度是指劳动紧张的程度，也就是在单位时间内劳动力的消耗。劳动力消耗越多，劳动强度则越大。疲劳就是体力劳动或脑力劳动达到或超过限度的生理反应。疲劳分为生理性疲劳和过度性疲劳。生理性疲劳经过一定的休息后就可以恢复，而过度性疲劳即使休息了恢复也很慢。人机系统中所说的劳动强度与疲劳恢复中的疲劳，主要是指劳动者的生理性疲劳。如果劳动者在生产过程中承受适当的劳动强度，随着时间的推移必然就会产生生理性的疲劳。这种疲劳当得到合理的休息后就会恢复，并且又能承受合理的劳动强度。这是正常的劳动强度与疲劳恢复，换句话说劳动强度与疲劳恢复是协调的。这种协调不仅能使劳动者在生产过程中始终感到轻松、愉快、精力充沛，还能使劳动者从生理机能上稳定正常工效，保证生产任务的顺利完成。在生产组织和劳动管理中，如果忽视劳动强度与疲劳恢复的协调，就会产生与前面情况相反的效果。如果劳动者在生产过程中承受超负荷的劳动强度，就会难以承受体力和脑力的消耗，从而引起过度性疲劳。这种疲劳日积月累，就会积劳成疾，使人失去劳动的机能。这样，劳动者就会把劳动看成沉重的负担，失去了完成生产任务的信心，也无法保证基本的劳动工效。

3. 辛勤劳动与成功把握的统一

在人机系统中，人与机械和人与环境的关系其中很重要的一点是付出的劳动与获得成功的关系。劳动者在生产过程中要消耗体力和脑力，劳动成果的取得需要流大汗，出大力气。而劳动者只有付出劳动后，才能换取丰硕的果实。劳动者只有获得丰硕的劳动成果后，才能领悟到自己辛勤劳动的真正意义。人机系统的美学效果，要充分考虑辛勤劳动与成功把握的辩证关系。在机械设计、环境布局、任务分配上，都要体现辛勤劳动与成功把握相统一的观点。这样，就会使劳动者发扬主人翁的精神，始终保持充沛的精力，克服困难，定额或超额完成生产任务。那种只强调成功率，而忽视取得成功的主客观条件的想法和做法，显然是错误的、有害的。对于一个企业来说，如果在生产上片面追求高指标、高速度，即使劳动者辛勤劳动也完不成任务，实现不了企业的目的，就必然会挫伤劳动者的积极性，直至破坏生产力。因此，企业在下达生产任务、规定生产指标时，要考虑其技术力量和设备能力是否经过努力可以完成。在生产过程中，企业要不断地调整人与机器、人与环境、人与原材料之间的矛盾，促使人的生理因素处于正常状态，使人机系统中人与物的潜能得到充分发挥。

二、环境心理学

一直以来，人类都在不断探索自身跟周围环境之间的关系。正是在一代代的探索过程中，人们对环境不断作出新的解释，同时也不断利用环境或者根据自己的需求对环境进行一定的改造，从而使自身的生存条件得以改善。在这一过程中，人与人以及人与环境之间的相互作用直接影响着人所处的环境，同时也影响着人类自身的发展。

20 世纪 20 年代至 60 年代，在各种因素的作用下，西方国家的一些城市环境遭到了严重破坏，这给城市居民的生活造成了极大的负面影响；与此同时，有很多新建筑，因为没有充分考虑使用者的需求，导致了社区崩溃、建筑拆毁等十分严重的后果，并且遭受了社会上的严厉指责。正因如此，各学科的研究者开始关注建筑环境与人类行为之间的关系，最终使环境心理学这门汇集社会学、人类学、地理学、建筑学和城市规划等多学科的新兴交叉学科得以诞生。

（一）环境心理学的含义

环境心理学主要研究的是环境与人行为之间关系的学科，包括那些可以利用和促进此过程为目的并提升环境设计品质的研究和实践。根据其定义，可以知道环境心理学有两个目标：第一，了解人和环境之间的相互作用；第二，利用这些知识来解决一些复杂的环境问题。环境心理学主要是从心理学和行为学的角度，来探讨人与环境的最优化问题，也就是研究什么样的环境才是符合人们心理预期的。

环境心理学特别重视生活在人工环境中人们的心理倾向，将选择环境与创建环境结合起来，着重研究以下问题：环境和行为的关系，如何进行环境的认知，对空间和环境的利用，如何对环境进行感知和评价，建成环境中人的行为和感觉。

（二）室内外环境中人们的心理与行为

人在室内或者室外环境中，其心理与行为存在着个体间的差异，但是，从总体的角度上来看，仍然有着一定的共性，这是我们进行设计的基础。

1. 人的基本需求

美国心理学家马斯洛在《人类动机的理论》一书中提出了著名的人的需求层次理论。他将人的需求分成几个层次，从低级到高级分别是：生理的需要、安全的需要、相互关系和爱的需要、尊重的需要、自我实现的需要、学习与审美的需要。

对同一环境而言，由于人群年龄、性别、健康程度、经济文化状况、社会地位、生活方式、宗教信仰，以及在环境中从事的活动不同，对环境艺术设计既有普遍的、一般性要求（生理要求），又有个别的、特殊的要求（心理要求）。生理要求包括环境的日照、自然采光和人工照明、室内环境的保温隔热、通风、隔声等；心理需求包括私密性、个人空间、领域、交往等方面。

2. 空间使用方式

空间使用方式直接反映了人们在室内外环境中的心理与行为特点，表现为人使用空间的固有方式。个人空间、私密性和领域性是空间使用方式研究的基本内容。

（1）个人空间与人际距离

个人空间是指存在于个体周围的最小空间范围，研究者将其形象地比喻为围绕着人体并随着人体的移动而移动的气泡，这种气泡是肉眼看不见的，根据个人所意识到的不同情境而发生膨胀或者收缩，是人在心理上所需要的最小的空间，如果这一空间受到他人的干扰，那么就会引起个人的焦虑情绪。

影响个人空间的主要因素有：个人因素，如年龄、性别、文化、社会地位等；人际因素，如人与人之间的亲密程度；环境因素，如活动性质、场所的私密性等。

在一个特定的环境之中，人们对于个人空间的需求，将直接影响其在人际交往过程中的空间距离，而人际距离又决定了在相互交往的过程中，哪一种渠道能够成为最主要的交往方式。人类学家霍尔在以美国西北部中产阶级为对象进行研究的基础之上，把人际距离概括为以下四种：

①密切距离：0～50 厘米。这种距离明显比个人空间要小，人与人最主要的交往方式就是触觉和耳语，这种距离适合抚爱和安慰，或者是摔跤和格斗。在公共场所与陌生人处于这一距离时会感到严重不安。

②个人距离：50～130 厘米。这种距离与个人空间基本一致。在这种距离内，人与人之间能够提供比较详细的信息反馈，谈话声音适中，最主要的交往方式就是言语交际，比较适合亲属、密友之间促膝谈心。

③社会距离：1.3～4 米。这一距离比较适合非个人的事务性接触，如同事之间就工作问题进行交流。适当的远距离可以避免两个人工作互相干扰。通过观察可以发现，即使熟人在这一距离出现，坐着工作的人不打招呼继续工作也不为失礼。反之，若小于这一距离，即使陌生人出现，坐着工作的人也不得不打招呼问询。这一点是室内设计以及家具布置过程中必须要考虑的。

④公众距离：4 米以上的距离。这是讲演者、演员和听众正常接触的距离。此时无视觉细部可见，需要提高声音，甚至采用肢体语言辅助语言表达。

在每一种距离中，可以根据不同的交际行为再分为接近相与远方相。比如，在密切距离中，亲密、对对方有可嗅觉和辐射热感觉为接近相；可与对方接触握手为远方相。当然，由于民族、宗教信仰、性别、职业等因素不同，人际距离也会有所不同。

（2）私密性

私密性可以概括为行为倾向和心理状态两个方面：退缩和信息控制。其中，退缩包括个人独处、与他人亲密相处，或者隔绝来自环境的视觉和听觉干扰。而信息控制则包括匿名、保留隐私权、不愿跟人过多交往等。从这里可以看出，私密性并不是指离群索居，而是指适当选择和控制生活方式以及交往方式。

私密性对于个人生活以及社会生活而言都有着十分重要的作用和影响，最重要的一点就是给使用者提供了控制感和选择性，这就要求物质环境在空间大小、边界的封闭与开放等方面，给人们提供不同的层次。比如，在住宅设计中，既要考虑一家人团聚所需的公共空间，又要尽可能地为每个成员提供只属于自己的私人空间；住宅户外空间也要保持一定的私密性，通过一定程度的限定可以让住户对户外环境更有控制感和安全感。再比如，景观型办公室虽然能使办公空间更具艺术美感，有利于加强员工之间的联系，但存在噪声干扰和缺乏私密性的问题，因此在设计时可以采用吸声装修材料、铺地毯、隔离有噪声的设备等措施控制噪声，还可以设置少量私密性小空间，供少数人讨论交谈使用。

（3）领域性

领域性是个人或者群体为了满足自身的某种需要，占有一个区域，然后对其加以人格化和进行防卫的行为模式。这个区域就是占有的个人或者群体的领域。随着个人需要层次的增加，比如生存需要、安全需要、社交需要、尊重需要、自我实现需要等，领域的特征和范围也是不同的，比如一个座位、一个房间、一套住宅、一片土地等，随着拥有和占有的程度不同，个人或者群体对领域的控制也不同。领域这个概念跟个人空间是有着明显区别的，个人空间是随着人身体的移动而移动的，可以将其看成是围绕在人周围的看不见的气泡，而领域则不同，无论领域是大还是小，都是一个静止的、肉眼可见的物质意义上的空间。

领域能够促进私密性的形成，同时也能促进控制感的建立。具有较强私密性的环境，能够给人一种舒适的感觉，使人们能够根据自己的意愿，选择不同的交往方式，也可以躲避不必要的应激。

个人空间、私密性和领域性对人的拥挤感、控制感和安全感造成直接的影响，反映在行为上就会表现为极端趋向、寻求依托等。在入住集体宿舍时，先进入宿舍的人往往会挑选在房间尽端的床铺；就餐人在挑选餐桌座位时往往首选餐厅中靠墙的卡座，而不愿意选择近门处及人流通过频繁处的座位；在广场、公园等开放空间中，人们大多会选择在背后有依托、前方视野开阔的地方停留，而设置于空旷场地中心的座位往往少有问津。这些行为和心理特点对环境设计中空间层次的划分、空间的使用效率、休息设施的分布等都有指导意义。

（三）环境心理学在环境艺术设计中的应用

1. 设计需要符合人们的行为特性和心理特征

环境艺术设计是为人服务的，而人是活动的、多样化的，不同社会文化背景、经济地位、年龄、性别、职业的使用者的行为模式和心理特征不同。了解使用者在特定环境中的行为与心理特征，可以避免设计者只凭经验和主观意志进行设计，从而使设计建立在科学的基础上。比如，国外有很多外部空间设计都采用三角形作为道路规划设计的母题，既满足了人们抄近路的习性，又创造了更丰富多样的环境。再比如，在博物馆室内设计时应根据大多数参观者逆时针转向的特点，合理布置展品，引导人流。

2. 认知环境和心理行为模式对组织室内外空间的提示

在认知环境中，结合上述心理行为模式对环境艺术设计中空间的组织可起到某种提示作用。

首先，空间的秩序是指人的行为在时间上的规律性或倾向性。这一现象在环境中是非常明显的。例如，火车站前广场的人数每天随着列车运行的时间表而呈周期性的增加或减少。掌握这些规律对于设计者合理安排环境场所的各种功能，提高环境的使用效率很有帮助。

其次，空间的流动，是指人在环境空间中从某一点到另一点的位置移动。

在日常生活中，人们为了一定的目的从一个空间到另一个空间的运动，都具有明显的规律性和倾向性。人在空间中的流动量和流动模式是确定环境空间的规模及其相互关系的重要依据。

最后，空间的分布，是指在某个时间段，人们在空间中的分布状况。经过观察可以发现，人们在环境空间中的分布是有一定规律的。有人将人们在环境空间中的分布归纳为聚块、随意和扩散三种。人们的行为与空间之间存在着十分密切的关系和特性，以及固有的规律和秩序，而从这些特性能看出社会制度、风俗、城市形态及建筑空间构成因素的影响。将这些规律和秩序一般化，就能够建立行为模式，设计者可以根据这一行为模式进行方案设计，并对设计方案进行比较、研究和评价，真正做到“场所或景观不是让人参观的，而是供人使用、让人成为其中的一部分”。反之，只关注形式而忽视环境主体的设计只能是失败的设计。例如，20 世纪 80 年代中期大连五四广场上布置了花架、灌木、乔木和向心布置的座椅，限定出不同领域层次的活动交往的空间，吸引市民们聚在一起唱京戏、打扑克、聊天、带儿孙、找熟人、结新友等，乐此不疲；20 世纪 90 年代对广场进行了改建，地面铺设以硬质磨光花岗石为主，草地为辅。在白天，广场是马路对面银行的陪衬，而到了晚上，广场就成为中年人的舞场。

第二节 环境艺术设计的基础原则

环境艺术设计涉及领域虽然较为广泛，不同类型项目的设计手法也有所区别，但从环境艺术的特点和本质出发，其设计都应遵循以下原则：

一、以人为本的原则

环境的主体是人，环境艺术设计主要就是为人提供服务的，所以必须要满足人对环境的基本需求，如物质功能需求、心理行为需求和精神审美需求。从物质功能层面来说，环境艺术设计应该给人们构建一个可以居住、停留和休息的场所，能够妥善处理人工环境跟自然环境之间的关系，并处理好功能布局、流线组织、功能与共建的匹配等内部技能的关系；从心理行为层面上来说，环境艺术设计要考虑人的心理需求和行为特征，据此合理限定空间区域，从而满足不同规模人群活动的需要；从精神审美的层面来说，环境艺术设计要充分考虑地域自然环境的特征，并要深度挖掘地域历史文化内涵，这样才能更好地把握设计潮流和公众审美的倾向。

二、有意识的观察原则

理解上一点之后，环境设计者就可以更有意识地进行观察。我们总是带着某种文化偏见或喜好去“看”，然而在设计时，我们应多考虑一下别人的意见，这是因为景观设计毕竟不是纯粹的个人表达，而是要为那些有自己的逻辑、生活方式和看问题方法的环境个体营造场所。因此，环境设计者观察的时候必须带着对人们和人们对环境可能作出的反应的理解才行。

洛仑兹的“暗中的观察”这一说法已被杰伊·艾普勒顿用来描述人们对园林中环境反应的基本方面。而“发现与隐藏理论”可能就是源于此。我们可以从孩童的游戏中找到这种美学模式的原型——在一个普通的游戏中，快乐来自高明的躲藏和成功的发现。对设计者来说，“被观察的观察者”具有重要的方法论价值，为中国的设计方法提供了极具说服力的解释。这是一种很高超的设计技巧，反映了人类行为的原始性理论，具有很深远的意义，使人们坚持自己的思考，在可接受的意外中创造乐趣。比方说，游客在一个传统的中国南方城镇里就很难找到一个私人花园，因为私人花园都在住宅高高的院墙之后。而在市中心的居住区中，游客穿过许多小门、天井和回廊的时候突然看到一片“自然”不能不说是个惊喜。因此，在这拥挤的生活空间中发现一些因少见而变得更加珍贵的景观就会给人带来无限的喜悦。此外，游客的兴致也会因一些隐秘之处得到揭示而大大提高，我们称之为“隐蔽的形式”。

这也驱使我们研究观察的方法：要研究游客的行为如何在运动之中发现情趣；发现与隐藏交替，留出联想的空间来提高场景沟通的效果。最终，环境形象的戏剧效果会从人们愉悦的体验之中被以想象的形式提炼出来。

三、定义空间的原则

另一个与观察有关的是空间定义的形式。一方面，透视法的运用对于定义空间是极其重要的，其中主要的问题是确定环境的特性，对空间定义进行足够的强调；另一方面，又要打破僵硬的空间布局以丰富被设计场所的内涵。因此，设计形式，也就是说定义空间的形式应当在设计师的构思控制之下，同时又具有充分的灵活性。

为达到这个目的，设计师既可以采用焦点透视又可以采用散点透视来为环境中增添某些变化的因素，使游客能够体验到更多的乐趣。然而，我们都知道，一个焦点就是一个设计空间的构架，因此，要想将游客导向焦点就需要对有限的空间中的活动方式进行仔细的设计。中国式的散点透视，即高远、深远和平远的空间概念能在按空间序列安排视觉的效果上提供思想和技术上的帮助。

空间感来自一个复杂环境中自由的感觉，而不是某种巨大且空荡的环境；空间的丰富感来自人们对其体验的多少而非实际的大小。当我们既有能力应付复杂的布局又能欣赏风景的丰富变化的时候，喜悦就来自在一个有限的空间框架中体现的丰富空间感。静态和动态的特征都是产生吸引力的因素。另外，分散焦点的空间结构提供了一种特殊的自由，让人们以自己喜好的方式组织画面来满足自己的兴趣。

四、形式原则

对设计任务进行分析，特别是对被设计场所及其周边环境进行分析，是整个观察讨论过程中十分重要的一个环节，这种共生环境是十分关键的。没有任何环境设计可以脱离其周围地段环境而单独存在，它们之间存在着一种相互作用、相互制约的关系。

（一）作为前提的形式

在设计过程中，我们所受到的限制基本是来自现有的环境或者自然和社会条件等。因此，要想有效实施设计，就必须对设计所受到的外部限制条件有足够的了解。

一个设计必须适应使用者的需要，而这些需要也是受不同的社会、文化和经济条件限制的。这些都会以某种特定设计的形式表现出来并和环境因素融为一体。因此，我们应把环境设计形式看作一个整体形态，集合了城市建筑景观、乡村建筑形态、森林地带、道路走向、地形起伏、池沼、湖泊、海岸、运河等因素。在这些形式中，有些是很难处理的，因为他们存在的唯一原因是经济利益的要求，比方说公路和工业区就经常和创造理想的风景区产生矛盾。

自然条件如光线和地形等也会对设计形式有较大影响。例如，光线使北欧和南欧的景致大不相同，而南北地形的差异更是中国山水画南北画风相异的重要因素。从景观角度出发，也是出于对光线的考虑，英国的景观设计中运用了许多高大的树木以获得光与影的对比效果，而在中国南部，人们需要巨大的树冠带来的荫凉对付炎热的天气。因此，我们也不难理解为什么建筑有南北风格的区分，以及有分明的开敞和封闭的不同做法。

相关的社会因素也是颇具影响的，例如，在人口密集的地区，高层建筑之间的空间——环境的“气口”是个很严重的问题。面对着硬质景观给建筑带来的压力，环境设计变得更加困难。同时，软化和整治居住环境和为儿童、老人提供户外活动空间的必要性就显得更为重要。在人口密度低的地方，住所安全的问题非常明显，尽管环境设计不是解决社会问题的唯一方法，但是安全问题反过来会影响环境设计的质量。

简单来说，我们所处的环境是被可见或者不可见的空间环境所制约的。人类有无穷的改善生活环境的愿望，而力量却是有限的。当自然和社会条件不同时，设计思想一定要顺应这些不同条件的形式进行。也就是说，要清楚空间限制如何成为首要的设计因素。实际上，那些非常擅长环境设计的人非常懂得怎样在尊重自然、社会和现有环境的前提下进行思考和创新。或者说，一个优秀的环境设计必须秉持着“环境共生”的法则，需要建立一个可以平衡内在需求和外在条件的方案。另外，环境设计还必须具备一个重要的设计艺术品质——必须反映周围环境的特质：地方性，也就是指对当地材料、技术或工艺、典型的建筑和构造风格的运用。从广义上讲，被设计的并非一个抽象的空间，而是大众（个人和群体）的归属，是人与场所的独特身份。

（二）组合的原则

熟知这些不同的条件之后，环境设计过程就变得更加复杂了，因此也更加有趣了。一个新设计出来的环境也许会因为有着独特的空间逻辑或者空间表达，而被人们看成是有着独特的个性。但是，对于周围的环境脉络而言，它仍是其中的一部分，会和其他形式发生关系。从空间处理上来说，设计者显示出的对环境感受性的关心的重要途径就是空间形态。

空间感的获得需要一个心理上自由的前提，我们也知道，空间的自由感并不取决于尺度而取决于布局手法。因此，设计就是要创造一些与空无相比显得充实的东西，也就是可触及的东西、可产生错觉的东西。从这个意义上说，阴阳理论又可以帮设计者解决问题：在不同的空间对比效果的基础上，一个整体空间结构中的动态平衡就会稳固地建立起来。

然而，这并不是最后的目的。环境的整体布局，以及空间的逻辑安排，其全部意义就在于对“意”的体现，也就是对特定的场所意念的体现。所以，主次物象之间的空间关系，就要尽可能地体现出较高的设计技巧。比如，一个受到人们广泛关注的焦点周围的空间，在功能上应该是提供了附属设施的，然而这些附属物又作为空间元素，使得空间层次和关系更加丰富，从而最终决定着整个环境给人们留下的印象。在环境艺术设计中，掌握空间对比的手法、空间密度与序列的相互影响是十分重要的。

由此我们可推断，空间秩序是一种无形的形式，即将深刻的设计哲学与功能联系起来，渗透于不同的地方、不同的层次和不同的部分。在景观设计中，更难的工作是处理好明显的中心部分与其附属部分的过渡关系，而其中的关键在于如何处理焦点。如果手法太直接，那就如同一个没有经验的说书人很快就会让听众失去了兴致，犹如他们一早就知道故事的结局一般。因此，设计一个稍带暗示的、逐步发现的过程是很有必要的。

为了将整个“情节”清晰且有趣地布置好，“含蓄”这个概念就变成了设计思考的核心。它不仅要求在功能上可行，还要在立意上含蓄、婉转，这样的设计方式可以让人领略到不同的空间层次，被多层次的对比吸引，不断地被喜悦打动。

外部事物存在着巨大或细小、紧张或松弛等对比形式。当然，我们没有必要非让人感觉痛苦之后的快乐。对这种效果恰当的形容应该是“易接近的”情感或是对清晰的环境形式的体验，一种愉快的空间上的消遣，一种来自对秩序的认同而欣赏其多样性的快感。

简而言之，组合形式的意义不只是清理各物体之间的关系，而是要创立一种能引导和组织人们活动和认知的可见的相互关系。“组合的形式”是一种看得见的、想得到的、感觉到的形式，能为设计场所增加移动和思维自由的东西。

（三）展开的原则

我们的土地是有限的。出于现代生活的需要，我们必须将土地划上边界用以区分农场、森林、工业、交通和居住区。

一般来说，边界有两种形式，一种是可见的，另一种是不可见的，也就是物质意义上的边界和心理意义上的边界。极度呆板和不友善的边界，其压迫感会造成一种很不愉快的空间压力，并可以从视觉上毁坏整个画面。

但是，很多设计工作在一开始就要分析土地的局限性所带来的各种问题，在这里，我们所要强调的就是如何才能更好地利用边界，突破各种限制，从而成功构建一个“超越边界的视野”。

我们可以从“展开的形式”中获得这种视野，这并不意味着消除实际的边界，而是要带着超越它们的感觉去设计。

首先，我们可以将设计场所的边界变成一种有价值的东西。英国约克城的围墙和湖南凤凰城的大门将边界与标志性含义相融合的做法就是典型的例子。其次，我们可以简单地把它隐藏起来，更难做到的是在保留整体感的前提下，对内部空间进行分割，将美感和使用有机结合。对这种整体感来说，联系内部空间的传统中国方式就是在有限的空间内制造空间感的绝妙演示。

五、线条原则

“美的线条”与线条之美是有所不同的。“美的线条”是中国和英国的景观学派发展起来的重要美学基础。它不仅仅是关于纤细的形式，还影响了设计中的品位问题。显然，英国人偏好的蛇行线条是对自然美的模仿，而中国的曲径回廊是对天性的表现。对于这些线条的复杂美学处理方法，我们可以将其描述为迂回的形式，并从以下三个方面进行详细的分析：

第一，作为一种艺术形式和装饰媒介，对美的线条的喜好，实际上是一种自然形式的品味。通常情况下，这些线条所代表的都是小径、回廊、边界、河道和植物等。经过柔和的设计手法，曲折的景观形式与起伏的地形产生了一种共鸣。与几何形式相比，这种线条所呈现出的柔美，能够散发一种独特的魅力，从而激发人们的兴趣。

第二，这种线条作为一种具有实用意义的设计工具，可以是客观存在的。也可以是无形的空间的微妙联系。随着蛇形线条移动，或者在曲折的路上前进，随着眼前风景的变化，游客会有一种自然形成的而非人工设计的感觉。这才是帮助游客发现景观思想和创造享受的正确方法，随着空间丰富感的不断增加，一种无限感就会从一块有限的空间中产生。

第三，从心理学的角度来说，这种来源于迂回形式的柔和美，是一种美学感受，并且对人有着一定的治疗作用。比如，那些流畅的线条能让人产生不停追寻的欲望，从而使人在活动中得到美的感受。那些从事单调生产劳动的人在体验过这种自然的空间感之后，或者在体验过这种温和的多样变化之后，就会产生一种自由、轻松、自在的心理感受。

然而，美丽的线条就如我们所说的迂回之形式，需要其交流的媒介来展示它的美学价值，并体现其设计意义。这种媒介就叫作交流的形式。

六、交流的原则

就观察的方法而言，我们强调功能的、自然的和周围环境形式之间的相互影响；对于不同环境塑造元素的布局，我们注重组合的形式；在处理边界和内部空间时，我们研究展开的形式并强调空间的延伸感；在处理柔和感与线条的美感之时，我们研究迂回的形式。所有这些形式所共有的是一种交互式的联系方式，这便是景观的脉络机体，是一个有生命的整体的形式，我们称之为“交流的形式”。

这种交流的内容是统一的，是组成部分之间相互依赖的关系和不同环境特征之间的联系，因为，任何一个环境都是由“呼吸”“血液”“经脉”来连接“身体”不同部分使之具有生命和功能。可以说，良好环境的本体就是天、地、人三位一体，这是人为和自然过程中一组事物的整体结合。其中，“气”有着十分重要的作用。“气”可以说是环境设计的重要交流媒介。在任何场所中，“气”无处不在，通过事物的外观形态，或者视觉效果、声音、气味传递着各种各样的信息。无论这种交流是简单的还是直接的，都很好地使包含以上所有形式方法的设计语言构建了一个和谐的环境。

因此，我们认为交流的形式是环境设计哲学的一部分，是人类的智慧对设计思想形式的一个总结。

七、可持续发展原则

环境艺术设计必须要遵循可持续发展原则，一方面，坚决不能违背生态要求；另一方面，要积极提倡绿色设计，借此来使生态环境得到一定程度的改善。另外，当在设计中应用生态观念时，设计者要对各种材料的特性和技术的特点有清晰的认识，要充分考虑项目的实际情况，据此来选择合适的材料，尽量以节能环保为原则，做到就地取材，充分利用环保技术，从而使环境成为一个能进行“新陈代谢”的有机体。此外，环境艺术设计还应具有一定的灵活性和适应性，为将来留下更改和发展的余地。

八、创新性原则

环境艺术设计除了要遵循上述设计原则以外，还应当努力创新，打破千篇一律的局面，深入挖掘环境的文化内涵和特点，尝试新的设计语言和表现形式，充分展现艺术的个性特征。

第三节　环境艺术设计的特征

环境艺术设计属于艺术设计的一个分支，是一门新兴的学科，与建筑学和城市规划有着较为紧密的联系，因此有着较强的综合性特征。“环境艺术设计”的含义就是通过艺术的手段，对建筑内部和外部的环境进行规划。环境艺术设计的目的就是给人类创造更加和谐的、更能够满足人们物质需求和精神需求的生活空间。从这一点来看，环境艺术设计这门学科有着非常重要的价值和意义。环境艺术设计可以给人们的生活、工作和业余活动构建一个更合理、更有效的空间场所，从而提升人的幸福感。环境艺术设计强调“人性化”，而人的物质生活和精神生活是十分复杂的，且有着多方位、多层次的特征。因此，要想使人的各种各样的需求都能得到满足，环境艺术设计必须涉及多门学科和知识，比如建筑学、景观设计、人体工程学、环境心理学、美学、历史学以及技术与材料等。总而言之，环境艺术设计是一门知识范围广、综合性较强、系统性较强的学科。

一、环境艺术设计中艺术的特点

艺术以各种各样的形式存在着。在不同的形式中，艺术会体现出不一样的特点。比如，中国的流行音乐艺术，体现出的是一种独创性、民族性的特点，而中国古代的雕塑艺术则体现出绘画性和意向性的特点。总体来说，环境艺术设计中的艺术主要有以下特点：

（一）呈现形式立体化

从空间呈现的角度来看，环境艺术设计中的艺术最开始是在设计者的脑海中呈现的，或者是在图纸上呈现的，但是都不是最终呈现的，最终需要呈现在具体的三维环境中，也就是从平面过渡到立体面，呈现出形式立体化。立体化是通过建筑群体组织、建筑物的形体、平面布置、立面形式、内外空间组织、结构造型，也就是建筑的构图、比例、尺度、色彩、质感和空间感体现的。

园林可以说是一种立体空间综合艺术品，是借助于各种人工构筑手段，将树木、山水、建筑结构组合而成的空间艺术体。苏州园林是我国古典园林的代表，而苏州园林在刚开始建造的时候还没有出现环境艺术设计这一概念，但是，苏州园林却对这一概念进行了最好的诠释。历来，苏州园林被人们称作“无声的诗，立体的画”。苏州园林利用有限的空间，以独到的园林建造艺术，将湖光山色与亭台楼阁完美地融合在一起，把生机勃发的自然美和独具特色的艺术界有机地结合，人们游荡其中，便能感受到在城市中体验不到的自然之美。苏州园林有四大物质构成要素，分别是建筑、山石、水和植物。其中，廊、桥、楼、嘉善、池水堪称特色。无论是建筑还是山石，无论是水还是植物，都是立体实物的形态，从总体上来看，苏州园林的空间布局、物质要素呈现，都在很大程度上体现了形式立体化的艺术魅力。

（二）表现形式静态化

人类的艺术活动的领域是十分广泛的，几乎涉及社会生活的各个方面。从运动形式的角度来说，艺术的表现有三种，分别是动态艺术、静态艺术和动静结合形态的艺术，其中动态艺术和静态艺术最为重要。动态艺术包含着人们能够感知到的运动，比如舞蹈、声乐、表演等都属于动态艺术的范畴；静态艺术是针对动态艺术而言的，是指那些表现形式在于结果，或者说表现形式在一瞬间凝固的艺术，比如书法、绘画、雕塑、建筑等。静态艺术有四个基本特征，即造型性、视觉性、静态性和空间性。相对于动态艺术，静态艺术有着更强的直观性和具体性。在环境艺术设计中，艺术是静态艺术的综合体，包括了静态艺术的多种形式，比如绘画、雕塑、建筑等，可以说是综合性的静态表现。近些年来，家居装饰逐渐兴起，得到人们普遍的欢迎。

家居装饰是环境艺术设计的重要组成部分。在经过一番装饰之后，家居能够更加精致，更具有内涵，从而给人带来一种独特的审美体验。装饰艺术的审美风格是从物质特有的具体性出发，经过设计和装饰，最终形成的具有特征性的表现形态。从此我们能够看到艺术实用与审美的和谐统一，艺术与环境的协调统一。显而易见地，这两种统一都是以静态的形式呈现出来的。可以说，家居装饰是环境艺术设计中艺术表现形式静态化的具体表现。

（三）体现形式综合化

环境艺术设计中的艺术与雕塑、声乐、绘画等不同，并不是一种单门的艺术。在环境艺术设计中，艺术有了一定的物质基础和空间布局，就可以进行多种形式的艺术创作，从而体现艺术形式的综合化。环境艺术设计对环境的装饰、绘画、雕刻、花纹、庭院等多个要素进行了统筹考虑和综合处理，所以说，环境艺术属于一种综合性艺术。

在苏州园林中，园林建筑和景观有匾额、楹联这类的诗文题刻，与园林中的建筑、山水、花木自然地结合在一起，赋予了园林的山水草木深远的意境，这是环境艺术设计中艺术综合化的一种体现。

另外，由于内容和形式的不同，环境艺术设计中的艺术还体现出抽象性、意向性等其他特点。

总而言之，环境艺术设计包含了很多内容，比如园林规划设计、园林工程设施、园林植物配置、空间设计等，是一种综合性较强的设计。设计给环境和艺术之间搭建了沟通的桥梁，艺术是其本质属性。在环境艺术设计中，“艺术”的呈现形式体现出立体化、静态化、综合化的特点，这可以说是环境艺术中艺术的独特体现。

二、环境艺术设计的总体特征

事物的特点或者标志就是事物的特征。环境艺术设计作为一门专业的学科，尽管与其他一些学科比较相近，但是它们各自的研究范围和研究重点是不一样的。环境艺术设计是一门独立的学科，有着自身的特点和规律。环境艺术设计所包含的元素是十分丰富的，比如自然、人工、人文、地理、生态、材料和技术，甚至还包含人体工程、心理和历史等，只要是跟人有所关联的，就基本上与环境艺术息息相关。从对象层面上来说，环境艺术的对象可以很小，如一件家具、一个陈设品；也可以很大，如一座城市，甚至一个国家。从这一点可以看出，环境艺术有着较强的包容性，所以，要想用一两句话来说明环境艺术的特征是不可能的。接下来，我们将对环境艺术设计的总体特征进行逐个的分析和探讨。

（一）多功能（需求）的综合特征

一般情况下，人们往往会从实用性的角度出发，来理解环境艺术的功能，但事实上，环境艺术除了具有某些使用功能之外，还具有信息传递、审美欣赏以及体现历史文化等作用。无论是哪一种环境，其功能要求都是多方面的。首要就是使用的要求，这也是环境最基本的要求，如空间的大小和形状，都跟具体的使用目的息息相关，光照、空气、热能等也是满足环境功能的基本条件。卧室、厨房、客厅、商场都有各自的物理层面和生理层面的具体要求，其使用功能的要素就是给人们提供方便的环境。

不同性质的活动和行为必然要提出相应的功能性要求，因此就需要不同形式和物理条件的环境来满足功能的需求，这是设计对使用功能考虑的变量范围。当然，仅满足使用的目的是远远不够的，环境的另一个重要功能就是信息传递，这一点是不能忽略的。环境以其特定的存在形式，给人们提供各种功能，满足人对环境的需求。与此同时，环境也凭借着自身的形态、色彩、质地等要素，传递着各种各样的信息，营造了深远的意境。信息传递是深层次理解环境艺术的重要基础，一个特定的空间形态、色彩组合，或者材料的质地、家具的配置等，都会给人呈现出各种各样的信息。墙面上一定比例关系的洞口，使人知道这是门或者窗，一定高度和比例关系的台子，使人知道这是餐桌或者书桌，这类信息是跟其使用功能息息相关的。除了一些基本的信息之外，环境还向人们传递着只能用心灵来感受的信息，如和谐、杂乱、轻松等，艺术的形式美正是建立在这种感觉能力的基础之上。还有一些信息有着较深的层次，如震撼、崇高、悲怆等，这类信息只有那些有一定文化背景的人才能感受得到，并且，不同的人对于这类信息有着不同的认识和理解，这就是文化的差异性，在环境设计中，这一点是必须注意的。

以信息传递为基础的审美和精神文化功能，是评价环境艺术设计的重要方面。一项环境艺术的设计，如果仅满足使用方面的要求，那么是很容易做到的，但要满足精神和审美方面的功能，则有较大的难度。精神和审美意义上的标准有着不确定性，不同地区、不同时代、不同民族、不同文化层次的人，对环境的精神和审美的理解都是不一样的，所以，在环境设计中，如何满足精神和审美方面的要求，是最关键的问题。环境艺术设计要满足各种功能要求，具体的环境对功能需求程度又存在一定的差异，有的环境比较重视使用方面的功能，有的环境比较重视精神方面的功能。在环境设计的过程中，使用功能与精神功能既相互矛盾，又存在统一的关系。所以，协调、平衡和综合各功能之间的关系，是环境艺术设计中非常重要的内容。

在环境艺术设计中，需要多层面地分析和考虑。环境艺术设计的范围是很广泛的，从城市的整体规划，到室内一件家具的摆放、一个电器开关的造型，都属于环境艺术设计的范畴。同时，在环境艺术设计中，既有比较抽象的思考内容，如文化性、民族性的含义，还有比较具象的思考对象，如空间的形象、色彩的关系等。总之，在环境艺术设计中，有时需要逻辑的理性思维，有时需要情感的感性思维，环境艺术设计是一种多方位的立体思维模式，这体现了它的复杂性。各种各样的功能要求以及各种层面的关系考虑，使环境艺术设计的难度大大增加，所以，从一定程度上来说，环境艺术是一门被各种条件所限制的设计艺术，需要具有艺术的开创性，要实现新颖、趣味、意义和审美等价值，同时，又要以严谨科学的态度来实现各种具体的功能。可以说，环境艺术设计是在多重的复杂关系中寻找一种平衡，这是环境艺术设计的一个重要特点。

（二）多学科的相互交叉特征

环境艺术并不是仅具有欣赏意义的艺术，也不是完全表达个性的艺术家的作品。事实上，环境艺术是一门综合性的学科，集功能、艺术和技术为一体。环境艺术融合了自然、人文、艺术等多个学科，包含了地理、气候、历史、民俗、心理等多个领域的知识。环境艺术所涉及的多个学科，并不是部分与部分相加的简单组合，而是一个物体对象上的多方面地表现，或者简单来说，是一种交叉与融合的关系。正因为环境艺术具有多学科特征，使其具有丰富的内涵和广阔的外延，所以，要想完成环境设计，设计师就必须具备多方面的知识和能力，否则就无法满足环境设计这一工作的要求。另外，需要强调的一点是，环境艺术设计不是个人行为，还需要各方面人员的配合。所以，环境艺术设计师在进行设计工作的过程中，必须要善于听取各方面的意见。

（三）多要素的制约和多元素的构成特征

从性质的层面来看，环境艺术的组成要素包括地理条件、使用功能、科学技术、经济、文化等，要想实现环境艺术，需要多种要素的共同支撑，同时，每个要素对环境的整体都有着各种不同的要求，或者说是对环境加以制约。比如，一个具体的环境艺术项目必须要在一个特定的地理环境中完成，而在这一地理环境中，地形、地质、光照、水流等状况都会直接影响设计的效果，或者说给环境设计带来某些制约。环境艺术设计的实现必须要依托于经济的支持，而经济对环境艺术设计则有着较大的制约性。简单来说，环境设计要在一定的经济范围内进行，经济的原则就是花尽可能少的钱，达到尽可能好的设计效果。可以说，所有的环境设计都必须充分考虑经济承受能力，以此为前提，才能保证环境设计的顺利进行。功能的制约在之前已有论述，功能对设计的限制是比较直接的，也是显而易见的，并不是所有的设计都能够得到最终的实现，因为设计最终需要通过施工呈现出来，也就是要依托于技术，如果技术存在局限性，不能将设计实现，那么整个环境设计也就失去了实际意义。关于这方面有一个著名的案例，那就是悉尼歌剧院，该剧院在最初设计的时候，就遭到了很多人的批评，因为这个设计忽视了结构与技术上的问题，当时的建筑技术还不能实现这个空间的设计，后来专门邀请了一些结构工程设计的专家，经过专家们多年的探索和尝试，才使问题得以解决，但是，这个项目也被拖延了，而且花费了大量的资金。总而言之，科学技术对环境设计有着很大的制约性。也就是说，科学技术的水平限制了环境艺术设计的水平，所以环境艺术设计师必须要对相关的技术有足够的了解。另外，艺术和文化也限制着环境艺术设计，艺术和文化的观念、风格能够对环境艺术设计造成直接的影响，艺术与文化水平的高低决定着环境艺术设计的最终效果。面对着各种各样因素的制约，设计师在环境设计中一定要充分考虑各要素之间的关系，在综合、平衡之后找到一个最合理的方案。从视觉的角度来看，环境艺术的构成也是多元素的，包括土地、植物、森林、山石等，其中有大自然的鬼斧神工，也有能工巧匠的艺术创造。总而言之，环境艺术是人工与自然有机结合的产物。

（四）公众共同参与的特征

公众共同参与设计是环境艺术设计的另一个重要特征。环境艺术设计是一个复杂的工程，从开始计划、构思到最后的实施完成，需要经过一系列的程序，而在整个过程中，各方面的人员会对方案进行审查，并提出一些建议，这些建议对整个设计以及设计的实施来说有着非常重要的作用。一些城市的公共环境设计还需要全体市民的参与，建设方要积极征求市民对于城市环境设计的建议。一般情况下，一个环境艺术设计方案必须要经过投资方的认定，投资方会主要从成本核算的角度出发，对设计方案进行严格的审核。并且，环境艺术设计方案还要通过使用方的认定，使用方会从功能和审美的角度出发，对设计方案进行审查，并提出自己的建议。最后，设计方案需要通过施工才能得以实现，相关的工程技术人员会从工艺和技术的角度出发对设计方案进行审查，并提出一些实际的看法。总的来说，环境艺术具有较为明显的公共性质。环境艺术是公众的艺术，所以，在环境艺术设计中，设计师要有开放和包容的胸襟，要积极听取众人的意见，广泛汲取众人的智慧。

三、地域特征与环境艺术设计的内在关系

（一）我国地域特征在传统环境艺术设计中的体现

我国有着悠久的历史，在5000年的历史进程中，形成了丰富的民族文化特征。不同的民族有着不同的地域文化，这种地域文化的差异性在当地的建筑中有着最为直接的体现，如傣族的竹楼、蒙古族的蒙古包等，都体现着不同民族的地域文化。在我国传统的环境艺术设计中，有很多设计师从自然的角度出发，追求一种天人合一的境界，特别注重人与自然的和谐相处。我国古代的园林艺术就是地域特征在传统环境艺术中的完美体现。

我国古典园林的艺术设计的最主要的设计思想就是追求自然，在园林设计中

遵循自然规律，呈现出自然之美，比如在设计园林中的山水时，就要充分考虑山石的脉络走向、考虑水流的自然走向，如果不考虑这些因素盲目进行设计，会使最终呈现的效果失去和谐之美。园林设计并不能将大自然的山水之美完全复原，但是通过局部的合理设计，能够在一定程度上抽象地呈现山水的自然之美。在我国古典园林设计中，“山美、水美”是永恒不变的主题，这让人们能够充分感受到园林中的自然之美。另外，我国所拥有的丰富的文化内涵也深刻影响着我国古典园林的设计。

通过对我国传统居民建筑的观察可以发现，地域特征对环境艺术设计有着很大的影响。居民的建筑受当地的地域特征和人文环境的共同影响，这使得居民建筑有着较强的独特性。居民建筑跟人们的生产和生活密切相关，所以往往能够体现出比较明显的民族特色，通过对居民建筑背后内涵的深度挖掘，也能使人们了解当地的地域文化特征。比如，在江南这一地理环境中，河网交织，最终形成了小桥流水的居民建筑格局；在设计房屋时，当地的人们普遍采用黑色、灰色和墨绿色来进行色彩处理，这些颜色营造了一种山水画的氛围，使人仿佛生活在自然山水之中，平添了一种韵味。再比如，北京的四合院、陕北的窑洞等，人们都能从中感受到当地独特的民族文化和地域特征。由于不同的地域有着不同的自然环境，因此不同地域的居民建筑所使用的建筑材料和技术也是不同的。同时，居民建筑还受到当地宗教信仰的影响，呈现出较为明显的地域文化特征。

（二）地域特征与环境艺术设计的内在关系

1. 地域特征体现环境艺术设计

地域特征是环境艺术的体现，也是文化的重要组成部分。从整体来看，地域特征是人们在长时间的生产实践中逐渐形成的。同时，人们在认知和感受环境艺术的过程中，也会受地域特征的影响。比如，傣族的“竹楼”的设计就非常具有地域特征。傣族的竹楼在建造时主要考虑的是当地的地势与地形，这其中也体现着当地劳动人民的生活态度。傣族属于云南，当地的气候比较潮湿，温度又很高，为了适应这种自然条件，提升生活的舒适度，傣族人便充分利用当地的自然资源优势，用竹子来构建房屋。

2. 地域特征是环境艺术的内在表达

地域特征是环境艺术的内在表达。在山西，比较有地域特色的建筑设计当数窑洞，它体现了当地的文化特征。窑洞是用砖头堆砌起来的，不仅有实用性，而且适应当地的自然环境，同时也有着一定的观赏性和环境艺术特征。从地域分布的层面来看，窑洞集中于西北部一代，如山西、陕西、甘肃等地都有窑洞。这些地区在自然环境上比较相似，如气候干旱、风沙现象严重等。为了抵抗风沙、抗寒保暖，人们建造了窑洞。窑洞一般是在深土层内设计的，因为有黄土的堆积，因此窑洞的保暖效果非常好，并且还能隔绝过高的温度，可以说是冬暖夏凉。黄土高原有着独特的景观，为了将这一景观特色体现出来，人们将一些剪纸贴在窗户上，透过窗户，人们能看到外面壮丽雄浑的自然景观，这深度体现环境的艺术之美，也给人们带来了良好的居住体验。

3. 环境艺术设计凸显地域特征

环境艺术设计也是地域特征的凸显。比如，福建的“土楼”令很多外来的观赏者赞叹不已。土楼是福建客家人的主要象征之一。通常情况下，一个土楼中会共同居住几十户甚至是几百户人家。福建土楼主要是利用当地的土木资源建造的，在水泥混合的基础上，糅合木条和竹条，在利用当地的黏沙土进行巩固，这体现了当地建筑的特色。福建土楼的优势是十分明显的，即能够保存较长的时间，并且观赏性较强，能给人赏心悦目之感。

总而言之，在全球经济一体化进程的浪潮中，东西方文化的交流越来越密切，西方的一些理念开始涌入我国，一方面，确实为我国的发展带来了新的生机，但另一方面，也给我国的传统文化带来了很大的挑战。我国是一个多民族的国家，且幅员辽阔，因此在不同的地域，形成了各具特色的地域文化。不同地区的环境艺术设计都会将该地区相应的地域文化体现出来。时代的发展，信息的传递和交流越来越便捷，促进了各区域之间的沟通和往来。在这样的趋势下，“千城一面”的现象越来越严重，这导致传统地域文化逐渐没落，乃至消失。

第四节　环境艺术设计的生态理念

在不同的学科和行业领域内，“生态”有着不同的内涵。在环境艺术设计的范畴内，“生态”的含义就是在设计中注重自然生态的变化，遵循自然规律，避免盲目追求设计美感，导致环境中有过多的工业元素，失去了自然之美。自20

世纪 80 年代以来，工业化的迅速发展给生态环境造成了严重的破坏，这一现象逐渐引起了人们的重视，并因此开展了各种形式的“绿色运动”，借这类运动表示对生态破坏的担忧以及强烈反对的态度。在环境艺术设计的领域内，“绿色设计”这一理念逐渐深入人心，得到越来越多人的认可，这促进了生态理念的进一步发展。在时代发展的洪流下，人们越来越认识到生态环境的重要性，从而对绿色、环保、保护自然生态予以更多的重视。环境艺术设计与自然生态息息相关。在未来，环境艺术设计必将深切融入生态理念，加强对自然生态的保护。只有这样，环境艺术设计这一行业才能得到持续发展，才能更好地满足人们的使用和审美需求。

一、环境艺术设计中融入生态理念的必要性

（一）环境需求

随着时代的发展，科学技术水平得到飞跃进步，社会生产力也大大提升，使人类社会获得了巨大的财富。但是，人们也逐渐认识到，工业文明的发展实际上是一把双刃剑，一方面，它确实改善了人们生产生活的方式，给人类的生活提供更多便捷；但另一方面，它也带来了很多不利的影响，如环境破坏、生态失衡、资源短缺等现象愈加严重。在工业发展的洪流下，人类的生存发展环境遭到了各种威胁，如空气污染、水污染、气候变暖等，这些问题如果得不到妥善的解决，就将会造成更加严重的后果，这关乎整个人类的存亡。各种层出不穷的环境问题给人类敲响了警钟，人类开始对自身的生产方式、发展理念、对待环境的态度进行反思，正是在这样的反思中，生态保护意识逐渐觉醒，并得到了广泛的认同。

（二）社会需求

艺术可以将精神与物质有机统一起来，这是艺术的一个重要作用。在环境艺术设计中，设计师需要根据实际情况，把周围环境的形态与质量进行最佳的设计，使环境得以优化，并呈现出一定的审美价值，这是每一位设计师都需要重视的。现如今，和谐进步的理念逐渐深入人心，其中，人与自然和谐相处就是一个非常重要的主题。从特定的角度来考虑，环境的质量要比环境的审美感觉更加重要，

因此，新时期的环境设计更加看重社会发展的实际需求，逐步趋向于回归自然的态势。

（三）心理需求

随着时代的发展进步，我们已经进入一个竞争十分激烈的阶段，很多行业在优胜劣汰的残酷竞争中不断追求自身的发展和壮大。在这样的大环境下，人们所承受的压力也越来越大。所以，在生活中找到一个合理的发泄方法，能够释放压力、放松精神，对每个人来说都极为重要。而生态的意识观念跟人们的这种精神和心理需求正好相符，因为生活在自然的生态环境中，能使人放松心情、缓解压力，从而提升生活的舒适度和幸福感。

（四）艺术需求

从本质上来看，生活是艺术的源泉，没有生活也就没有艺术，但是艺术高于生活。这里所说的“生活”并不是经过加工和改造过的人为生活，而是指原生态的生活，在这样的生活中，设计师能够获得艺术创作的素材和灵感。艺术实际上就是在寻找最真切的事物，通过某种艺术手段，呈现出事物的原生态面貌。所以，在环境艺术设计中合理融入生态理念，不仅是优秀传统文化的发扬与传承，更是真正艺术的尊重与追求。

二、环境艺术设计中生态理念的特性

在环境艺术设计中，生态理念所强调的是人与自然环境之间的和谐关系。而环境艺术设计的出发点是提升人们的生活品质，并且，与之相关的配套功能要能够正常运转和使用，并最终实现资源的最佳配置，使整个系统能够进入良性循环。在环境艺术设计中，生态观念在促进人与自然协调发展方面发挥着非常重要的作用，所以在整个环境艺术设计的过程中都蕴含着生态理念。

（一）高效节约性

一般来说，节约性的环境艺术设计，就是指在消耗最少资源的前提下进行设计，或者是通过资源的重复利用等手段来达到解决资源的目的。但是在本节中，节约性有了新的含义。在环境艺术设计中，生态理念的节约性，一方面包括资源的节约，也就是减少资源的浪费，另一方面还包含能获得较高效益的发展方式。高效性所强调的就是在社会发展过程中，防止浪费与粗放式的经营方式，是资源的利用达到最大化，特别是对于那些不可再生资源，要尽可能做到花费最少的资源，达到最高的效益。在环境艺术设计中，想实现高效节约性并不简单，要求在节省资源与简约设计的同时，保证各项功能能够发挥出最好的水平。

（二）生态自然性

在环境艺术设计中，生态理念最主要的特性就是生态自然性，这是生态理念最基本也是最重要的构成要素，如果环境设计所追求的是精雕细琢的以人为美，而不是自然之美，那么就跟生态理念这一设计原则相背离了。在环境艺术设计中，生态理念所强调的就是要遵循生态发展规律。生态主要是通过自然得以体现，其完全顺应自然的客观规律，因此设计师通过对自然的了解而进行环境艺术设计，就已经将生态理念融入其中，并试图通过设计出的作品让人领悟到大自然的生态之美。所以，作为环境艺术的设计者，设计师要深入自然生活，体会事物的生态自然性，争取在设计中做到返璞归真，尽可能地呈现出人与自然的和谐之美。

（三）独特艺术性

在环境艺术设计中深入融入生态理念，实际上就是追求自然的艺术设计的体现。而在自然界之中，任何事物最重要的特征就是其独特性，因为世界上每个事物都是独一无二的，没有两个完全相同的动物、植物或者人。所以，来源于自然的生态理念设计也就必然彰显出其独特的特性。而其中所体现的艺术性则是其本身所具备的特点，因为设计和艺术存在着一种紧密的联系，是难以分开的，设计的过程实际上也就是艺术的展现，遵循生态理念的设计也就是遵循艺术的本意，因为其具备强烈的艺术感染力，充分地体现了其在人类社会中的重要作用。

三、生态理念融入环境艺术设计的基本方法

（一）利用先进的科学技术

在经济发展的过程中，科学技术可以说起到了举足轻重的作用，科技的迅猛发展，使得社会生产力有效提升，随之而来的是人们生活质量的提升。现如今，

科学技术仍旧处于快速更新发展的阶段，因此，环境艺术设计要想跟上时代发展的脚步，就必须要跟科技进行融合，否则将无法满足人们的实际需求。大量的实践证明，在环境艺术设计的过程中，合理应用高科技产品或者新型原料可以使设计质量和水平上升一个层次，能够通过对材料的回收和再利用实现资源的高效配置，从而真正与现代型的环保理念融合，使人们的生活环境得以改善，使人们的生活质量得以提升。对于科学技术相关的工作者来说，这一点也是极为重要的。

（二）开发利用新型能源

环境艺术设计的整个过程涉及很多不同的内容和环节，可以说环境设计有着较强的系统性，因此在整个流程中会产生很多矛盾和问题。比如，应用化石燃料的过程会涉及能量的供应，因此在使用的时候，会导致化学污染问题；另外在环境设计中，还会产生噪音以及废气污染，这些问题给人类的生产生活造成了负面的影响，因此需要人们充分利用科学技术手段，以创新的方式来妥善解决这些问题，只有这样才能真正实现生态环保。在科学不断发展的背景下，环境艺术设计可以结合实际需求适当利用一些新型的能源，以此实现能源的节约和环境的保护，提升设计的有效性。

（三）使用天然的材料

环境艺术设计不仅要合理运用高新技术，还要运用各种天然的材质，这一方面有助于提升整个设计的质量，另一方面能够真正实现与生态理念的深度融合。在实施环境设计时，对于材料的选择要多加重视，要尽可能地选择一些天然无污染的材料，并且，对每一种材质的特点、使用效果都要了如指掌，要根据材料的特征对其进行合理加工，充分利用各项材质的优势，一方面提升设计的有效性，另一方面将设计与环境保护有机结合起来，使天然材料得到高效应用。为了达到这一目的，设计师要对材料的内在构造和属性、用途有足够的了解，然后分析材料的制作和加工，从而实现资源的有效利用，促进环保生活与设计的完美融合。

（四）与天然环境相适应

环境艺术设计的过程有着较强的复杂性，要想真正建立一个环境节约型社会，设计师在设计的过程中设计师要坚持低消耗的原则，尽可能地利用各种天然材质，通过对材质的合理利用实现资源的优化配置，做到这一点，一方面能够有效降低环境设计的成本，另一方面能够真正使设计实现天然无公害。在环境设计的过程中，如果遇到一些比较复杂的环境问题，则可以在天然的环境基础之上，加强美感的艺术创作。保障当前现有的设计，不仅能体现出一定的个性魅力，而且还能真正利用各种天然环境，营造一种独特的设计氛围。

（五）重视设计的环保性

20 世纪 60 年代，西方国家就已经出现了环保化的设计，这一模式可以追溯到工业发展的初期。工业革命改善了人类生产生活的方式，大大提升了社会生产力，但是，在工业革命完成之后，很多国家便面临着越来越严峻的环境污染问题，在这样的背景下，人们提出了环保化的设计理念。顾名思义，该理念的主要目标就是保护环境、节约资源，将绿色设计落到实处，实现环境保护和艺术设计的有机结合，最终打造真正节约能源的绿色生活。此外，环境艺术设计不仅要尽可能地降低资源的消耗，还要兼顾人类的生活质量，尽可能改善人类的生活，实现人类社会的健康、和谐、可持续发展。

四、生态文明观下的现代环境艺术设计

（一）生态文明及其观念意识的含义分析

生态文明是人类在长期的发展和社会活动中形成的一种观念，对人类的生产生活方式有着非常重要的指导意义。就我国来说，生态文明这一观念是源于可持续发展这一意识领域。我国充分考虑当前社会经济发展现状，以及资源环境的现象，提出了可持续发展观，这一观念兼具科学性与先进性，可以说对我国社会的发展做出了突出的贡献。

一般来说，对于生态文明的含义需要从以下五个方面进行解析：首先，生态文明观要求人类在生产和生活中，要尽量节约资源和能源，避免造成浪费，这是生态文明最基本的理念，至于节约能源和资源，可以通过提高能源使用效率以及对资源进行循环利用等途径来实现；其次，在践行生态文明理念的过程中，要求人类的生产活动必须减少污染排放，对于主要污染物的排放量，要加以严格控制，避免污染排放对自然环境造成太大的影响；再次，生态文明观要求各类企业在谋

求自身生存和发展的过程中，要具有生态意识，尽可能使用生物技术，积极改善企业生产中所造成的污染问题，从而使整体的生态环境得以改善，以促进社会经济的生态文明发展；最后，生态文明观还要求，国家的行政措施与社会监督之间影响形成一种相互协调的关系，共同致力于对生态环境的保护，尽可能使生态环境避免遭到破坏和污染。除此之外，生态环境观还是一种要求在社会层面上大力宣传的社会经济发展的观念意识，目的是树立全面生态文明观，实现社会经济生产的可持续发展。

（二）生态文明观下的环境艺术设计分析

1. 生态文明观下的室内环境艺术设计分析

环境艺术设计包含两个方面，一方面是室内环境设计，另一方面是室外环境设计。其中，室内环境艺术设计是环境艺术设计的重要组成部分。在生态文明这一理念下进行室内环境艺术设计，需要从以下三个方面出发：

第一，设计师在室内环境艺术设计的过程中，需要尽可能采用生态建筑设计模式，争取在室内空间环境设计中体现生态文明观。生态建筑模式，就是立足于生态文明观念的要求，充分利用现代科学技术，构造更加舒适、环保、健康的建筑居住空间环境的一种建筑设计模式。生态建筑模式在设计以及应用的过程中，主要是结合建筑设计所在地区的自然生态环境的特点，并在建筑设计的过程中，充分运用生态学、建筑学的相关理论，借助先进的设计技术和方法，将这种生态环境的特点与设计完美融合，从而实现建筑与环境的有机结合，在保障建筑内部良好的室内气候条件的前提下，尽可能满足人们对于建筑的功能方面的要求，最终实现人与自然、建筑三者之间的良性循环系统的设计。

第二，设计师可以生态文明为主要理念和原则进行室内环境艺术设计，还可以通过简洁的造型以及节省材料的设计方式，构建舒适、健康的室内空间环境，这是室内环境艺术设计中，对生态文明观的重要体现。

第三，在室内环境设计中，设计师可以充分利用环境气候条件，或者绿色植物，设计健康生态的室内空间环境，借此体现生态文明观。此外，在室内环境设计中，需要尽可能使用环保型的材料，同时注意资源的节约利用，在设计实施过程中避免造成污染，这也是体现生态文明观的重要方式。

2. 生态文明观下的室外环境艺术设计分析

在进行现代环境艺术的设计中，生态文明观下的室外空间环境艺术设计主要体现在，对于生态文明观念与思想意识应用，或者是设计中体现和反映了生态文明意识观念要求的室外空间环境艺术设计环节。比如在合理利用土地的生态环境设计中，通常都比较重视空间结构中环境绿化的设计实现，并且在实现环境绿化空间环境功能的设计这方面，是以合理设计和利用土地为前提的，因此，设计不仅体现了生态、环保的观念意识，也体现了节约的思想，属于生态文明观对于社会生产与发展建设的要求体现。除此之外，在室外空间环境艺术的设计中，比如景观设计中尊重设计区域内环境与生态链的方案，以及在设计中重视植物种类多样性和本土化的设计方案，包括进行景观形式合理规划，避免过大、耗费过多等不合理规划情况的景观设计方案等，这些室内空间环境设计方案在设计中都在一定程度上体现了生态文明观念，并且是以生态文明观为指导进行设计实现的，具有现代化环境艺术设计特征与意义。

总而言之，生态文明观在现代环境艺术设计中有着非常重要的指导作用，以生态文明为主要理念和原则的现代环境艺术设计，一方面非常符合生态、环保以及可持续发展的要求；另一方面，也在很大程度上促进了社会经济的发展与进步。

第二章　现代环境艺术设计的综合发展

本书第二章为现代环境艺术设计的综合发展，主要介绍了三个方面的内容，依次是现代设计思潮的未来发展趋势、环境艺术设计的美学研究、传统元素与现代科技在环境艺术设计中的应用。

第一节　现代设计思潮的未来发展趋势

当今设计师的重要研究课题之一就是环境艺术设计，环境艺术设计是环境设计当中的必然过程。优秀的环境艺术设计不但能为人们提供一场视觉上的美景盛宴，还能为人们提供一个舒适方便的生活空间和工作场所。我们只有在对环境艺术设计的发展趋势有了深入的了解之后，才能创作出优秀的设计作品。因此，本节就环境艺术设计的发展趋势进行研究，分别从三个层面进行论述——思想、实践和教育。

一、思想层面

（一）可持续发展的生态观

随着人类生活环境的恶化，在可利用资源不断消耗的情况下，环境艺术设计应该立足于现实，形成自己的设计观念并提出相应的对策。环境艺术设计的重点是对空间功能进行艺术的和谐搭配，不一定要创建一种超越环境的人造自然物体，而是要保证设计要素不仅可以满足人们的现实需求，还可以满足人们对美学的精神需求，同时还要注重对人的情绪的调整和对环境的掌控，让环境真正发挥出一种陶冶情操的作用。

设计中的可持续发展并非是单纯地将环保材料与传统材料进行交换，也并非是对自然进行简单模仿，而是一种在设计思路上的改变，强调改善生产环境、强调对环境的合理利用，是对系统的可持续发展的具体实践。环境艺术的设计要兼顾生态需求与经济需求的关系，对结构、材料、工艺进行合理的选择，在使用时尽量减少能量消耗，尽可能降低对环境的污染，不会对环境产生副作用；不仅如此，还应该容易被分解和回收，即应该遵循三个原则：一是少量化，二是再利用，三是能源再生。

通过将简化的设计运用到环境艺术设计中，可以减少烦琐的设计，还可以减少浪费资源，提高资源的利用率。简化与简单并不是一回事，简化设计并不意味着要放弃对艺术审美的追求。简化设计一是可以节约资源，二是可以满足人们基本的使用，三是可以满足人们的审美需求。鉴于此，简化设计逐渐成为衡量环境艺术作品优劣的一个重要指标。

在此基础上，通过对现代信息技术、生物技术和纳米技术的研究，为环境美术设计提供了新的思路和方法。在对环境友好的基础上，对传统的物质与技术进行了改良，同时对水资源、风能、太阳能也应更加重视。设计师应将可持续发展的理念贯穿于整个环境艺术设计的过程中，不管是方案的前期的规划、方案的确定，以及施工和建成之后的使用，甚至是不使用之后的回收都应该从宏观上和整体上进行设计构思。在设计的全过程中，要始终坚持绿色、节约能源的理念，要正确处理人为环境和自然环境之间的关系。

生态设计观的生态化的含义就是在人类的全部活动中融入生态学的原理，从人与自然的和谐发展的角度来考虑和理解各种问题，并从社会和自然可能会出现的情况出发，对人与自然之间的关系进行最优的处理。环境艺术设计中的生态观的设计原则应该是无污染、无害化、可循环。

当前，工业文明所带来的人工环境建立在对自然资源和自然环境的损耗上。在人类社会的发展中，居住环境的恶化、资源的匮乏、各种环境事件频频发生，这引发了人们对社会的深刻反思。当一种文明的价值取向和追求是对大自然的掠夺和征服时，必然会产生环境的污染、生态的危机。一方面，我们应该积极采用现代的科学技术手段来解决这样的问题；另一方面，也要积极打破技术上的局限性，在文明转型和机制重铸的大背景下去考虑环境保护问题，去考虑建设可持续发展的生态文明，要积极从价值观以及世界观的视角上寻求环境保护的新着力点。

（二）突出地域特色

在国际化市场和经济的共同作用下，对于先进形式和技术的借鉴使环境艺术的主流呈现风格趋同的特点。城市面貌的模糊、趋同，产生了城市形象的“特色危机”，人们在内心中渴望拥有自己认同的城市特色。由于人类有从历史文化中追根溯源的天性，在业内运用环境艺术整体的、文脉的、个性的设计宗旨来建设城市，以加强城市自信心和凝聚力的呼声越来越高。这也正是环境艺术在思想深度上继续探索的发展道路。生产力发达、文明先进国家的城市建设更是注重这方面的努力。拥有特色优美的城市景观、城市环境设计，建立一套管理完善的制度，尤其加强对古城的维护是这些城市建设的重点。

建筑的地域特色也就是建筑的地方性特色和地域性特色，是一个地区的主要建筑的基本样式和整体特点，是该地区所独有的，在本区域内非常普遍存在的。当其作为一种建筑思潮的时候，蕴含着不同的审美建筑思想和建筑倾向以及不同的价值观念，其所共有的特点就是在建筑中包含着地域特点，并且会积极运用多种手段对建筑的地域特点进行表达。

关于地域特色保护的问题一直是设计领域敏感的话题。其中，共性的认识是：地域性是建造活动的各要素与地域之间的依存和对应的关系；地域性更多的来自人的文化自觉，而不仅仅是依存于物质因素；地域性是设计的一种基本属性，建筑应该自内而外地表现出更本质、更内在的地域性特征。

建筑师在地域特色方面开始追求以非常理智和冷静的态度对建筑所在地区与建筑之间的关联性，积极探寻地域的自然环境与环境艺术之间的结合，积极探求建筑环境在形式层面、技术层面和艺术层面上的结合。

（三）人文设计观

文化指的是人类在一定的历史条件下，在历史发展过程中所产生的一切物质财富和精神财富的总和，尤其是精神财富的总和。文化具有地域性、历史性和民族性，文化在人类的生存中满足人们的心理需求和审美需求。不同的历史阶段有着不同的审美需求，人们的居住环境和生存环境具有一定的时代印记和精神内涵，这就体现出了环境中的人文因素。随着工业文明的发展，现代设计的出现使得世界更加相似，在文化方面越来越趋近于一致。在持续不断的思考过程中，人们受到了许多后现代主义思潮和流派的影响。现在，越来越多的设计师选择了在传统中寻找本土的设计元素和地域设计元素的方法，有着越来越清晰的思维。

一个国家失去了自己的文化创造力，就等于失去了自己的文明。目前，以中国五千年的传统文化为根基，吸收人类最新的科研成果，以创新的设计文化和方式来应对目前的生存危机和环境问题，这就是和谐的设计文化、节约的设计文化、生态化的设计文化，这将是环境艺术的发展方向。

历史和文化都是由前人创造出来的，文化生命的延续依赖于当代人和后代人的不断努力。在不同的时代，我们处在不同的生活状况和生存危机中，因此，应该采取相应的行动，否则，就会出现发展的危机、国家的衰败。唯有将本民族的特点、现实的科技水平、历史传统以及当代的社会意识相结合，才能实现民族文化的创新发展，进而提高一个国家的科技文化形象，从而有效地应对人类面临的各种危机与挑战。

（四）时代精神的表达

时代精神的表达指的是把建筑的时代精神作为建筑设计的追求目标，借助于新材料、新技术、新手法、新观念、新风格，有意识地表达环境的时代特征。环境艺术中的时代精神是倡导人性、个性的解放，用开放的环境设计理念来反映城市的宽容性、功能叠合性、结构的开敞与灵活性，达到和谐的目标。

建筑风格随着时代的发展而演变并各具特色。建筑师的活动是在时代发展中继承和革新的。时代精神内涵的显著特征是多元化、多纬度的价值观的并存。作为一种观念，揭示了中国建筑的时代精神的内涵，把多元文化兼收并蓄作为建筑创作的价值取向；作为一种方法，把不同的风格流派、手法样式作为建筑创作的手段，表达了探索中国建筑时代精神的途径。但多元并不是最终目的，多元仅仅是起点。多元创新成为时代精神的建筑表达思潮的特征。

时代精神的外在表现是我们在未来设计中主动迎合时代并引导时代的态度，以及对人的各类行为的研究和需求的挖掘。随着环境理论向多元化、模糊性、象征性发展，时代性的设计愈发注重人的心理感受和对心理的影响。

二、实践层面

（一）多方利益团体协作化

虽然目前环境艺术设计是以城市规划为引导、建筑行业牵头的业态形式存在的，但环境艺术设计在实践中越来越表现出在解决各方矛盾关系运作协调上的综合优势。

一个设计案例的成熟越来越依赖市场、客户、使用者几个方面综合平衡的价值观，这就需要依靠市场运作的相关知识和实践进行市场调查、市场分析、市场营销、设计的组织管理及前期策划、中期创意、后期评价等完整的商业化运行，主导我们做出正确的越来越理性、冷静的分析和决策，使设计专业越来越具备商业化的特性。设计行业越来越频繁地和商业机构产生交流，探讨设计对于未来环境所产生的影响，特别对于商业空间、复合空间等综合性的项目，更需要设计师具备商业的、市场的、规划性的头脑和智慧。设计学科不是阳春白雪的孤芳自赏，而是和社会、生活、生产、经济发生联系的应用型学科。作为国民经济的重要组成部分，其不仅为城市居民改善了生活品质服务，还改善了城市面貌，为城市发展提供新的机会。

社会发展的开放性特征使环境艺术设计实践中介入了不同的职能部门和机构，每个机构是要相互依赖、相互补充的，并不是对立关系。从设计内部运行规律来看，它的发展趋势多为利益团体共同合作。从外部的市场需求来看，这也是信息社会不可回避的主流。

不同职能部门和机构的价值取向与运转模式不同（表 2-1-1）说明了环境艺术设计的多面性、多维性。在未来，它更需要各方综合权衡为共同的目标配合、协作，而不只是设计师单方面的努力。

表 2-1-1　不同职能部门和机构的差异

公共部门的目标	私人机构的目标
增强税收基础的开发	丰厚的投资回报，同时考虑承担的风险和资金的流动性
在它的管辖区域内增加长期投资机会	利润空白点
改善现在环境，或者创造一个新的优质环境	任何时候、任何地方产生的投资机会

续表

公共部门的目标	私人机构的目标
能创造和提供地方工作机会，产生社会效益的开发	支持某种开发的环境，一旦进行投资，环境因素不会降低它的资产价值
寻找机会以支持公共机构服务	基于地方购买和市场成熟度的投资决策
满足地方需求的开发	关注成本以及提供开发资金的可能性

（二）技术更新科技化

专业的互补与交叉主要体现在艺术性和技术性的界限越来越模糊。环境艺术设计内在的功能要求和外在的形态变化也让设计师与工程师之间的配合、交流更加频繁。

环境艺术在各个领域都在呼吁技术的更新和应用，室内领域在推广系统信息化，将人的一切活动所需的最佳状态数据化；建筑领域在实施智能化管理、零浪费的资源可循环设计；景观设计也在借助高科技遥感预测景观计算景观的美学价值（景观美感数量化）；等等。技术确实给人们带来了许多便利，并且在将来，人们似乎要更多地依靠科技进步来解决生活中的诸多问题。

中国的建筑发展实践证明，设计主流建筑文化在技术观念方面的变革依赖于科学技术生产力，但同时也依赖于对设计风格、形态的进一步认识，明白技术的含义并不是给设计对象戴上高科技的帽子，也不是无缘无故地追加设计成本，而是带着根本的对设计对象的认识和相关条件的综合分析所采用的最为得体的技术手段。人类不是技术的奴隶，而是能动的主宰技术的主体，设计结果并不是一味地追加着技术含量而忽略设计的价值。

另外，各种代表新技术生产力的产品、材料越来越快地更替，各种新产品的发布、宣传和交流展示成为设计师必须了解的行业内的前沿信息。

（三）以人为本设计人性化

环境艺术设计主要包含视觉服务性和实用服务性这两个重要的因素，其中环境艺术设计的宗旨就是视觉服务性，而环境艺术设计的最终目的是实用服务性。

我们要明确的是，环境艺术的终极享受者是人，环境艺术的设计实质上是为人服务的。鉴于此，环境艺术设计师应该在设计之前充分了解大众对于环境艺术的心声与内在的需求，只有这样才能创作出与人们心理和生理都符合的艺术作品，创作出既符合物质需求又符合精神需求的作品。以上这样的发展趋势也正在表明，环境艺术设计在不断的发展和进步，积极探求“以人为本”的设计理念，对人的本质有着更加深入的了解，最终会给人们带来视觉上的审美与感受，让人们在环境上有更加美好的、更加人性化的环境服务体验。

（四）质量监督制度化

设计事务是一个由理想的蓝图转化为现实世界的过程，好的设计最终需要质量的保障，好的施工是设计终端的保证。目前，大量设计机构的涌现，设计图纸与施工效果的差异现象较为普遍，确保设计意图的正确实施成为未来必须解决的问题，也是未来面向国际市场开放所必须面临的挑战。在未来，随着质量监督制度化，专家认定评估将成为在实践层面上不可阻挡的趋势。

三、教育层面

（一）专业分类细化

随着社会生产力和人们生活水平的提高以及商业运作的介入，市场分工的不断细化，导致每一个环境艺术设计的专业指向更为细腻，人才定位也更加明确。

环境艺术设计是边缘性、综合性很强的学科，从目前来看，入行门槛很低，容易被更广泛的人群接受。但是，入行并不代表具备了专业性。成功的设计师只有在某一更能发挥其才能与兴趣的领域中不断提高，才能谋得在同类行业中的地位。

环境艺术设计领域的分类细化是显而易见的。而室内设计中有专门做酒店、办公或家居的专业设计公司，做室内住宅空间设计的事务所甚至细化到专门从事做室内的装饰陈设设计，酒店设计公司更将设计做成集前期市场调研、中期案头工作、后期用户回馈为一体的专业服务。此外，与经济发展密切相关的门类也列入独立的研究体系，如随着会展经济的发展而兴起的展示设计等。

环境艺术设计的分工还渗透到各个行业，使各行业形成互为合作的伙伴关系。例如，在景观设计中屋顶绿化就是与园艺造景联系非常密切的一个行业。某个设计集团要想在行业中生存，也必须具备在某个领域中突出的专门性特征来赢得客户的信任。事实证明，越是注重专门性的设计集团或个人，越是能迅速地脱颖而出。

为顺应这样的时代和专业要求，设计教育作为行业领域的带头人，必须具备前瞻性的眼光，做出有预见性的准备。因此，现在各高校的环境艺术设计专业都在一步步地分析并细化专业发展的方向。大部分院校都侧重于室内、室外两个专业方向，有的也把展示设计单列为一个专业方向。其目的都是一个，就是从更为宏观、系统的角度加强专业性。

（二）培养复合型人才

当前社会在不断发展与变化，时代也急需复合型人才。为了保证人才培养的质量和水平，适应社会的不断发展与进步，高校应该积极培养社会所需要的复合型的人才，这也是当前经济以及未来市场经济对高等教育所提出的新要求，这也成为当前改革的必然要求和趋势。复合型的人才主要指的是具备较高的实践能力和综合能力，不仅对于所学的专业知识有一个全面的了解和掌握，还能将理论与实践相结合，运用自如，融会贯通。与此同时，还对于本专业相关的其他学科的知识也有所了解，可以实现学科之间的融会贯通，属于一专多能的综合型人才。21 世纪高校的人才培养的目标是“基础扎实，知识面宽、能力强，素质高”。

目前的环境艺术设计专业教学，迫切需要解决的问题就是，怎样培养出能满足现代社会需要的 21 世纪的复合型人才。环境艺术是一项从宏观到微观，对人的生活环境进行综合设计的一项庞大而复杂的系统工程。立足于人才培养层面，所要培养的环境艺术设计的复合型的人才，首先，应该对本专业的知识和相关技能进行熟练掌握，并且可以熟练地运用到实际的工作和生活中。此外，环境艺术设计复合型人才还需要具备与之相关的人文社会等学科的知识。设计并非纯粹的“艺术”或“技术”，而是一门与时代发展紧密相连的综合性科学，是一门紧跟时代潮流的“前沿艺术”。21 世纪的设计人才既要有广博的学识，又要有扎实的文化基础与修养，有不断革新的创新思维，更要有对新事物的敏锐力与超前的洞察力。这类人才在能力上已经不再是单纯的具备“专业性”，而是更多的具备非常强的“社会性”，这里的人才所具备的社会性主要体现在与社会的沟通和与他人的协作上。

在当前的时代，设计已经不仅仅是设计师一个人的事情了，团队合作已经成为当代设计的一种潮流，与别人合作、与顾客交流是设计师最基本的能力与素养，而组织和协调的能力则是设计师必须具备的一项重要的社交技能，每一个成功的设计师都是一个成功的合作者。设计师如果想将自己的创意以及设计构想运用到实践中，一方面要具备专业的、扎实的专业知识；另一方面还需要具备非常强的包含语言表达、推销技巧等在内的社交能力，以及良好的团队协作精神。同时，时代的不断变革，使得新的成果和技术也在不断地涌现。这就对21世纪的设计人才提出了更高的要求，他们应该对新知识、新技术保持着强烈的好奇心和探索欲望，对于世界的前沿技术、前沿思想以及新的材料和工艺都应该及时地了解和掌握，并将其运用到自己的设计中，这样才能与时代的发展保持同步。

综上所述，21世纪需要的是一种综合性的、掌握各种知识与技能的复合型人才。在知识结构方面，既要有广博的基础科学知识，又要有专业和精深的技能；在人格品质方面，应当是“创新性”与“务实”相结合。

（三）与实践相结合

环境艺术设计的特点就是实践性和创新性，因此，只有在实践中才能将自身的思维“物化”为现实中的真实事物，只有理论与实践相结合，才能实现对教学内容的修正。因而，21世纪的设计教育会越来越强调与实践的紧密结合。

设计结合实践可以从这几个方面来加强：

（1）教学中动手能力的培养，这是实践的第一个门槛。

（2）教学中通过工作室制度，把教师或从业设计师的设计事务引到教学中，使学生能够效仿或跟踪设计任务，从而得到真实的设计体会。

（3）可以开设具有很强针对性的专业实践课程，或者让学生直接参与实践的课题中，以此来培养学生的独立学习能力和自主获取知识的能力，让学生在实践中锻炼学生的竞争意识，培养学生的创造能力和团结协作的能力与观念，同时也可以使学生的社会实践能力得到提升，锻炼学生的适应能力，帮助学生在实践中找到自己的特色，定位未来的发展，只有这样才能在之后的竞争中拥有良好的发展潜力和前景。

（4）训练学生在社会事务中的实际操作能力，这样的训练是在社会实践中完成的，有教育方联系地方合作机构的形式，也有学生作为独立的个体直接参与设计的，随机得到最实际的从业感受。

无论怎样的实践形式，实践是理论的后续，是学生必须经历的成长过程，也是社会赋予教育的最现实的使命。所以，很多高校意识到并重视实践的重要性，认为在实践中能解决诸多设计的认识问题。因此，工作室制度、导师制度、课题制度纷纷被引入到设计的教学方式中，必定引领21世纪设计教育走向生机勃勃的局面。

（四）加强内外交流

21世纪国际的对话与合作成为设计行业发展的背景与方向。

由于设计学科在中国真正地发展是在改革开放以后，因此许多领域还处于探索和学习借鉴的阶段。随着与经济社会的联系日趋紧密，国内的设计机构和从业人员增多，内外两方面都急需交流合作的平台。

同时，中国教育领域的开放和强大的生源，也吸引着境外的设计院校积极扩大交流。不同观念的碰撞有利于办学经验、设计思维的活跃。中国良好的开放心态、求知的迫切愿望使这种教学交流渗透到各个层面：讲座交流，相互邀请专家、学者进行访问；课题互换，由不同教师指导学生完成共同的课题项目，达到活跃教学思维的目的；引进课程、由相关专家带专题进入讲台或当地办学机构，学习并延续其思想和课题；等等。

交流的方式和深度多种多样，但所有师生都有一个共识：设计不能是死水一潭，应该大胆地走出去、引进来，只有这样，环境艺术设计的教育才能更加开放、更加活跃，与未来的发展更加适配。

第二节　环境艺术设计的美学研究

一、环境艺术设计中的美学内涵

环境美术设计是一种运用多种艺术方法与工程技术方法，也是一种为人类创造符合科学的、合理的生活环境的综合性的艺术活动。环境艺术设计的审美意蕴贯穿设计的全过程与全空间。一件成功的环境艺术设计作品是使用价值与审美价值的综合体，可以创造出一种协调统一的符合生态原则，与人的行为需求相适应，同时，具有独特风格的空间特点和独特文化内涵的空间艺术整体。

环境艺术设计可以划分为两种：室内设计和室外设计。在旅途中，我们所看到的风景基本上都是设计师在原本的景观基础上设计产生的。设计师经过系统的艺术设计来展现空间场景的独有美感，这是环境艺术设计的目的之一。对于室内设计和室外设计来说，环境艺术设计所追求的目标一直以来都是让空间环境具有时代的美感。借助于环境艺术设计，人们可以利用环境艺术设计的作品的美学特性达到愉悦身心，对生活进行美化的作用。换句话说，美学特征是环境艺术设计中评价设计作品是否成功的重要标志。

设计者在具体的设计中，设计美感主要借助于景物造型、色彩、特定的装饰等来体现。根据各种色彩的相互混合、相互排斥、相互融合、相互反射来呈现出不同的视觉效果。色彩还可以激发人们的联想，让人们产生一种心理审美反应。比如，绿色给人一种清爽的感受，红色给人一种温暖的感受，灰色给人一种阴沉的感受，橘色给人一种明亮的感受等。以上这一切都为环境艺术设计的美学特征增加了非常多的人文因素。使用不同的装饰可以对不同的景物特点进行凸显，可以提高设计的表现张力，任何一种形式都可以展现出环境艺术设计所具有的独特的美学特征。环境艺术设计要想更好地为人类服务，应该对环境艺术设计中的美学特征进行充分的理解和把握。

二、环境艺术设计中的美学特征分析

作为一门新的学科，环境艺术设计在近几年得到了迅速的发展。它包括了许多其他的自然学科与人文学科，如哲学、美学、建筑学、设计学、工程学等。随着改革开放的深入，在城市的发展中，环境艺术设计发挥着越来越重要的作用，受到了越来越多的关注。在环境艺术设计的作品中，其独特的艺术灵魂就是其所蕴含的美学特征。我们可以这样认为，在环境艺术设计中美学特征就是“纲”，只有抓住了才能纲举目张。鉴于此，我们应该对环境艺术设计的美学特征进行系统的、科学的研究与分析，这是十分有必要的。

（一）我国城市环境艺术设计的美学分析

1. 自然美

大自然中存在一些环境艺术设计所需要的基本元素，如阳光、空气、植被等。

在环境艺术设计实践中，自然成为重要的审美基础。在我国的城市环境艺术设计中，自然美是首要的美学特征。通过艺术形式实现对自然的改造，可以使得城市环境艺术设计更好地满足人类的精神需求，在当前生态化和低碳化的时代，现代城市发展的重要前提就是城市环境艺术设计中具备自然美，自然美也是满足城市居民审美需求的重要特征。

2. 社会美

城市是人类生活的一个重要的空间，设计师在进行环境艺术设计的时候，可以借助于系统的建设、设置、组合园林绿地、建筑群等，实现对生存空间的人文性改造，以此为依托，为人们的生产和生活提供良好的环境和生活的氛围。

3. 建筑美

在城市环境艺术设计中，建筑是一个非常重要的因素。中国传统的环境艺术设计思想非常注重对建筑群进行组合，从而将建筑个体的特点与形象完美呈现，也能让整个建筑群整体上呈现出非常和谐的特点，具有丰富的审美特征和内涵。特别是在目前的中国，在城市环境艺术设计中，建筑的造型既要体现出独有的民族性和与时俱进的时代性，又要注重创新性与协调性，这对于传承和发展地区文化以及发展环境艺术设计理论有着十分重大的实际意义。

4. 文化美

城市环境物质方面也包含精神文化方面，一方面是社会和自然的物质，另一方面包含着现实的、历史的、区域的以及民族的文化内涵，这些都可以借助环境艺术设计这个载体，让人们拥有更多的审美体验。在我们的城市环境艺术设计中，文化美是一个主要的美学特点，文化美需要将自然美、社会美、艺术美、建筑美等因素相互融合，实现对以下各个方面的融合：一是传统的城市环境艺术设计的理论，二是城市的历史文化，三是当前的城市环境艺术设计技术。文化美在促进我国城市环境艺术设计的发展的同时，还能将城市独有的精神面貌和文化气质展现得淋漓尽致。

（二）环境艺术设计的美学特征

1. 自然性和人文性

环境艺术的人文性主要指的是在环境艺术系统中所展现出来的对于人的关心、爱护、便利的一种文化精神。每一个环境艺术设计作品都应该以人为本，设计师要立足于人的根本利益，从自我价值出发来完成环境艺术设计作品的构思。只有遵循人文精神，才能产生环境艺术美学，才能实现人类对美好生活的追求，最终实现善和美的和谐统一。环境艺术主要指的是对自然环境中的能量、物质以及自然现象进行合理的利用。基于此，我们可以认为环境艺术是一种绿色的科学，也是一种绿色的艺术，对于美学的“合规律性”通过自然环境来体现。环境艺术的自然性主要指的是环境艺术所具有的自然属性，也指艺术体系对自然环境的依赖性。

2. 整体化和多样化

环境艺术设计的系统性美学特征主要体现在环境艺术设计的整体化和多样化方面。环境艺术是从环境中产生，借助于环境直接表达。在环境艺术这个完整的系统中，不仅有丰富多彩的艺术美学效果，同时还具有各种各样的组合形式。从总体上来看，环境艺术设计具有一套完善的美学体系，也具有一种合理的美学形式，在总体上对外呈现出一种外在式的美感，对内还具有一种有序的美学效果。环境艺术设计系统中从细节上来看，每一个个体都具有独有的美感，如独具特色的颜色美感、丰富的材料美感以及多样的形式的协调美感等。以上所呈现出的多样化的美学效果不仅具备个体之间的美学差异，还同时具有整体上的美学一致性、差异性和统一性的有机结合，使得环境艺术设计不管是在宏观上还是在微观上都显得非常的生动和具体。

3. 无害性与正面性

环境艺术的无害性是指借助于环境艺术系统可以实现人与自然之间的和谐。环境艺术属于一种创造性的活动，因此应该与美学中的自觉规律和自由规律的审美和规划相适应。对此，环境艺术系统应该竭尽所能地让整个体系都是无害的，而不能因噎废食。环境艺术的正面性指的是其所要把握的主体和内容应该是积极的、正面的、肯定的、歌颂的，在环境艺术中提出正面性，强调环境中的纯洁和美好的精神品质。也就是说，在对环境艺术进行创造的过程中应该拒绝丑陋、污秽、粗俗的一面，积极展现崇高、美丽、干净的一面。

4. 实用化和审美化

环境艺术设计的审美化的主要的目的是满足人们追求生活品质和环境质量的要求，同时也可以实现审美精神的享受，人们的内在的真情实感能够反应在这种精神的愉悦上。但是，这种美感并没有直接地作用于周围的事物，只是把人的主观世界在某种程度上表现出来。这也是区别于环境艺术设计审美的另外一个主要特点——实用性。这也从侧面说明，环境艺术设计并不仅是一种让人们进行欣赏的艺术品，同时还具备一定的实用性的美学价值。环境艺术设计美学特征中最主要的形式就是实用化，其重点是现实的发展，成为现实与美学相连接的重要纽带和方式。要想淋漓尽致地展现环境艺术设计的美学特性，就应该实现环境艺术设计的审美化和实用化的协调统一。

（三）环境艺术设计中美学特征的完整性

美学特征在环境艺术设计中的表现具有完整性。在环境艺术设计中，一个关键的中心概念就是要建立起对环境的整体性认识，将环境艺术设计的美学特征通过这种整体性的意识进行综合表现。例如，城市雕塑、景观设计、绿化设计、建筑外观设计、商业用地环境规划等，这些都是在一个大的社会环境中展开的，因此，就需要我们所呈现出的美感要凸显各种空间的艺术性，同时又能把它们与环境美术空间有机地结合起来。这里所强调的完整性从个体上指的是单个设计的完整性，从整体上要求与周围的环境保持和谐。因为每一个建筑组群都是由一个个的设计组成的，因此，每个设计都是组群的一部分，如果站在美学的视角来看，就要求整体的美感要优于各个部分之和。立足于完整性的角度，全面把握美学的特征，只有这样才能将环境艺术设计所具有的美学特征完美地呈现给世人。

（四）环境艺术设计中美学特征的生态美

环境艺术设计还具有生态美的特点。我们生活的现实空间和环境是环境艺术设计的对象和目标，我们所生存的环境是不断变化和发展的，并且随着人们的环保意识的不断增强，生态美在环境艺术设计中是必然要求。从自然生态美的层面来看，美学观是一种科学的生态观，同时也是普遍的伦理观和美学观在人的生活环境中的综合反映。能将这一美学观表现出来的设计，可称为“绿色生态环境设计”，这种设计在实际的设计中，在自然环境和人工环境的融合中体现生态美。设计师应该借助于自然环境来实现增加人工环境的美感。在现代社会，人们的生态意识日益增强。在环境艺术设计中，生态美的表现形式也日益凸显。在科学发展的视野下，体现自然生态美的审美特性是对环境艺术设计的一种必然要求。

（五）环境艺术设计中的美学特征的特色美

特色美也是环境艺术设计的美学特征之一。在环境艺术中，设计是非常重要的一个环节，独特的设计能更好地抓住人的眼球，增强整体设计的魅力与感染力。在城市景观规划中，每一处景观都有其独特的魅力。设计师在进行景观规划设计时，必须在保留其原有特征的同时赋予其新的要素；在保留城市特色的基础上，对城市进行设计和改造，以此来彰显设计的特色美。在城市的环境艺术设计中，设计师可以利用代表性的雕塑来展现城市的文化和历史，借助建筑群的构造来展现其所具有的现代美，在一定程度上，这些都可以使城市的魅力和美感得到提升。

美学特征在环境艺术设计中的具体表现就是整体美、生态美、特色美等，没有美的表现，就没有环境艺术设计存在的意义和价值，环境艺术与美是紧密相连的。因此，在具体的实施中，设计师应将其美学特性发挥到最大，以提升其美学品位和设计的审美情趣。

三、环境艺术设计的美学规律

环境艺术设计所强调的美既包括形式又包括内容，是内容与形式的有机统一。黑格尔曾将说过："美的要素分为两种：一种是内在的，即内容；另一种是外在的，即内容借以现出意蕴和特征的东西。"[①] 在长期的创造美的实践中，对有关形式美的经验积累，形成了环境艺术的美学规律。环境艺术美学规律：一方面是一种审美的思维与审美的体验，另一方面又是人们创造没的一种形式规律。

（一）变化与统一

变化与统一是人类对事物发展的客观认识和客观规律，在艺术设计中，也是一个非常重要的美学法则规律。变化主要是对各个部分之间的区别与不同进行找寻，统一指的是探求各个部分之间的共同点、共同之处，寻找其中的内在联系。

环境艺术设计应遵循在统一中求变化，在变化中求统一的原则，做到"统而丰富、变却不乱"。这样，既保持了整体统一性，又有了适度的变化。如果只有统一而没有变化，就会失去情趣，易于死板单调，缺少生命力与感染力，而且统

① 黑格尔 . 美学（第 1 卷）[M] . 北京：商务印书馆，2020.

一的美感也不会持久。变化是一种源泉，但要有度，否则就会无主题，视觉效果也会杂乱无章，缺乏和谐与秩序。

环境艺术设计的变化与统一是环境的活力与有序发展的统一，也是设计美学的规范与要求。例如，内容上的主次，结构的繁简，形体的大小、方圆，色彩的明暗、冷暖、浓淡，技法处理上的强弱等，它们互为关系，彼此相争，形成动静结合、变化统一的美感效果。既然如此，那么在环境艺术设计中如何处理变化与统一这两者的关系呢?

首先，二者必须要有很好地结合，既要有变化，又要有统一，而变化不能任意进行变化，要注意整体的统一性，否则就会出现环境的凌乱，表达不出设计师所要阐明的核心内容。

其次，二者还要密切地相互结合，让环境具有独特的设计内涵和风格，同时又不破坏环境的统一性，使环境既具有很好的实用性又有美学的欣赏价值。因为只有这样，环境才能更好更快地被大众所接受，也只有这样，才能达到设计者的设计目的。

最后，统一也要更好地与变化相协调，既要统领着环境的主流趋向，又不能忽略环境的细节变化，这样才能达到变化与统一的合理性。也只有如此，环境才能被大众所认可。如果要更好地掌握变化与统一的尺度，设计师还需要在艺术设计的过程中细心体会，根据不同的环境需要进行合理的安排。

变化与统一规律应广泛运用于环境艺术设计之中。变化与统一的元素有很多，比如造型的变化与统一、功能的变化与统一、材质的变化与统一、色彩的变化与统一、图案的变化与统一等。总之，在相同元素的条件下，应该注入变化的因子，合理地配置变化与统一的比例关系。比如对于造型各异的环境，可以加入相同的色彩或材质进行衔接，使变化中融入统一。

环境艺术设计的变化与统一规律不仅仅是从装饰目的出发，有的时候也可基于对环境功能的考虑。但这种情况下的变化与统一需要打破常规思维定式，从而进行创造性设计，这样才更具有美学吸引力与现实意义。

变化与统一是艺术设计美学中的一对矛盾体，它们处于辩证关系之中：在统一中求变化，在变化中求统一，对立统一、互为依存、缺一不可。换言之，二者既是对立的，又是相辅相成的。环境艺术设计不仅要保持整体上的统一，还应该要有适当的变化，也就是说应该坚持以统一为主、以变化为辅的原则。如果太过于强调统一，那么就非常容易造成僵化和死板；但是，如果太过于强调变化，那么就会让人觉得非常杂乱无章。因此，只有进行适当的变化才能保证整体上的设计美。

（二）过渡与呼应

过渡指的是用某种艺术手段，对艺术设计语言进行连接和改变的过程，是用持续逐渐变化的线、面、体来实现形态的转移，从而形成一种设计的整体性的方式。

过渡手法有曲面的渐变、圆弧过渡、斜线的联合过渡等几种。在设计形式的对比变化中，张与弛、急与缓、强与弱、快与慢、松与紧、虚与实、永远是形式对立的两个极端，但它们又处于相辅相成、互相照应的辩证统一关系中。在这些对立要素中，其对调节对立矛盾关系起桥梁、承接、铺垫与纽带作用，恰恰是过渡的价值与意义体现。由于表现方法与艺术思维的不同，过渡会呈现出一定形式的渐变美、节奏感与韵律美，从而引起了视觉要素的跳跃性变化或视觉要素结构的连续性规律变化。

对过渡的合理使用可以起到承上启下、承前启后的重要作用，可以实现将彼此没有关联的、不连贯的图形、文字、色彩、线条、空间、体量、声音或音乐等元素进行有机贯穿，使设计作品气韵贯通、层次清晰、形式严密、结构完整、整体统一。同时，它还能有效避免设计作品的断气、破碎、松散、迷乱，以及头绪不清等弊端的出现，使设计品位与艺术含量得到和谐提升。

呼应指的是在某一个方位上，视觉要素的形、色、质的相互联系，以及它们在位置上的相互照应，可以实现在视觉印象上让人感觉和谐统一。呼应着重于增强对比的联系，增强韵律的变幻，视觉元素无论是上下、左右、前后都应该相互联系、相互配合，同时，借助于各种方式和手法实现各个构成元素的和谐统一、协调一致，这就是所谓的呼应的作用。

呼应使视觉要素达成了某种目的的照应与有机联系，从而更加促进了结构的完整与思维的互动。呼应的意义在于防止结构的松散、紊乱与无序状态，加强结构的整体统一性，表现出事物或作品的结构美与关联效应。这就需要从宏观整体上要求处于上下、左右、前后等处在不同的时空位置上的视觉要素之间相互呼应、相互比照、相互照顾的形式规律。每一个视觉要素的安置如同棋子一样，左顾右盼正是为了从全局的角度出发来进行呼应或互动。艺术设计通常通过形态、色彩、材质或装饰风格的同一或近似来求得环境间的呼应。

当代环境艺术设计的潮流是以人为本，从人的审美追求和实际需要出发，以人的心理协调和生理舒适为前提进行设计。一件好的环境艺术应该有自然流畅的衔接过渡，并且各部分之间能够相互衬托呼应，紧密联系成为一个整体。环境形式因素中的过渡与呼应正是其整体与部分相互连通的脉络。这种脉络有时清晰分明，有时若隐若现，但主要体现在线、面、体、色几个方面。棱线或弧线的过渡、弧面的转折、形体的过渡与呼应、色彩的过渡与呼应等都是处理环境艺术美的理想方法。如果过度生硬、简单或者缺少呼应、整体感不强，就会引起人的审美疲劳。

（三）条理与秩序

环境艺术设计中的“条理”是指将视觉要素通过一定的艺术手段梳理为有序的状态，从而使视觉语言条理清晰与层次结构合理。自然界的物像都是运动和发展着的，而这种运动和发展是在条理中进行的，如植物花卉的枝叶生长，花型生长的结构，飞禽羽毛，鱼类鳞片的生长排列，都呈现出条理这一规律。条理的优势在于使环境在形体结构上更直接准确、在视觉传播方面更直接、在使用上更简洁轻松。因此，条理的表现是多方面的。聪明的设计师会在形体、色彩、质感等多方面进行统一、细致的条理规划，其目的就是使视觉要素在纷乱中求得秩序，在变化中求得条理。

秩序是指事物构成要素有规律地排列组合或事物之间有规律地运动与转化。这种有规律的组合会产生一种秩序美和条理美。秩序反映在人们的视觉中，会引发一种井然有序的美感。在自然界中，事物的构造与运动有规律可循，生物体排列或组合的有序、自然状态是精致完美的。

环境艺术设计也要遵循秩序与条理的法则。强调秩序条理是追求一种有规律的整体美的表现。在环境形态设计中，采用相似或相同的形态，一致与类似的线形，均衡或对称的组合方式，以及对节奏、韵律、统一、呼应、调和等美学要素的运用，都会给整体形态带来秩序。强调秩序条理实际上就是追求一种有规律的整体美。

条理美与秩序美是环境艺术设计美学的重要组成部分，能体现出设计的条理性、有序性与科学性。条理性就是秩序性的一种表现，而秩序性中包含着条理。人类的艺术审美，以及鉴赏活动都离不开条理与秩序，否则将失去标准并无法进行。

（四）幽默与情趣

环境艺术设计一方面可以对人们基本的功能进行满足，另一方面还体现了人们对于新、奇、趣的视觉和心理审美的要求。这是因为在社会经济发展和物质财富日益丰富的今天，人们已经将关注的焦点转移到了精神领域。在选择物质环境的时候，人们更多的是从生活层面上寻求人文关怀，以达到一种精神的愉悦。现代环境在当前的机械化的工作节奏中，在冗余的信息空间中不再是冰冷的，也不是局限于满足人们的生存需要而创造出的一种物质存在。当前现代环境更多扮演着一个取悦的角色，成为满足人们情感需求的传播媒介。一幅富有趣味和幽默性的作品，常常可以舒缓由高科技带来的紧张和冷漠，对枯燥的生活进行调节、舒缓压力。

因此，设计师在做设计时应当调整设计思路，用幽默与趣味的艺术语言赋予环境以生命情感，以增强环境与人的亲和感，在给消费者带来惊讶与快乐的同时，也满足其内心的渴望。幽默和趣味有很多相似之处，人生需要趣味，也需要幽默。幽默既是一种修养，也是一种文化，还是一种艺术，更是一种独特的审美情趣。在环境艺术设计中，“幽默”的意思就是借助于滑稽的、有深意的设计要素，运用活泼、生动的表现手法来表现设计意图。在环境艺术中运用幽默手法可以使环境焕发出特殊的表现力，同时也更具人性化与亲和力，让人发自内心地喜欢该环境。这种手法便于人们接受和理解，因而能起到事半功倍的效果。

在艺术设计中，为了迎合特殊受众群体的需求，利用幽默、诙谐的设计形式可赋予环境更多的新意，进而活跃环境市场。例如，现代年轻人使用的移动电话的配饰较多地使用了幽默的设计形式，使小环境既简洁明快又颇有情趣。由此可见，幽默的设计形式在表达小环境上有着独特的优势。

情趣就是让顾客对其所使用的环境产生愉悦的感觉。情趣化环境则是指通过“趣味性”的手段来传达设计思想和创作的意图。环境形态要想具有非常强的吸引力，应该是风趣和诙谐的，只有这样才能激发起消费者的思想和感情，让消费者有一个非常好的审美体验。设计师艺术品位的高低体现在对情趣手法是否能够合理使用上，这也能从侧面反映出设计格调的高低。情趣生动、形式幽默使环境形态鲜明、个性张扬，并赋予其强烈的韵律感和生命力，容易激起审美主体强烈的审美情感与兴趣，使冷漠的环境富有活力与张力。

幽默与情趣美学规律有着独特的视角，具备别具一格的思维方式，将艺术的情感效应进行了充分发挥，一方面增强了环境的视觉印象，另一方面提高了环境的游戏性和趣味性。使用者可以在幽默的设计中感受到快乐，设计形式能给使用者带来良好的使用感受，情趣设计可以包含很多的情感，因此，人们在观看和欣赏环境的时候，可以感知到其中的情感，这就增强了环境的情感化。一般来说，具有幽默风格和趣味的环境，可以借助一些排列组合以及拟人的夸张手法重现自然形态，进而给人带来新的心理感受。

在创造一种具有幽默感和趣味的环境时，形态和质地起着举足轻重的作用，而颜色在其中所起的作用也是不可忽视的。研究显示，颜色对人的视觉和听觉都有一定的影响，有着先声夺人的独特作用。所以颜色更能吸引人的注意力，激发人的情绪情感。在一系列艺术设计作品中，颜色的运用必须从总体形态出发，再结合个体特征进行组合搭配，使环境更具情趣。

一个富有趣味和幽默感的环境，当其发挥作用时，将会大大提高其附加值，让原本死气沉沉的环境拥有了活生生的灵魂，为使用者带来了出乎意料的惊喜和喜悦。在环境中将幽默感和趣味感完美地结合在一起，这样的设计才算得上是“以人为本”。幽默和趣味就如同一对孪生兄弟，两者之间既有共性，也各自存在着个性。二者之间相互交融，在趣味中蕴含着幽默，在幽默中也可以找到趣味。尽管如此，趣味和幽默这两个还是不能进行等同的联系，有趣的设计未必都是诙谐幽默的，有幽默的设计也未必都是充满趣味的。

四、环境艺术设计与美的形式法则

在实际生活中，人们对周围事物的美、形式的美，自觉或不自觉地进行着欣赏，并且有意或者无意对形式美的法则进行运用。对形式美法则进行的教学都会涉及美与形式美的相关概念、形式美的特点以及形式美法则。

（一）形式美法则的概念

“美”是一个非常重要的美学范畴。美无论是在人类的历史发展过程中还是在现实的社会生活中，都有着举足轻重的地位与功能。

形式美的法则就是人类在漫长的美学实践过程中，对客观世界中各种美丽事物形态特点的归纳与总结。形式美有着独特的作用，人们在认识之后对美的外在特征进行了抽象的概括和总结，根据这种规律性的法则完成对美的创造，对形式美的法则内容进行进一步的充实和发展。

形式美法则是一种形式法则，具有普遍性和通用性，适用于各种艺术门类，如雕塑、绘画、建筑等。形式美法则不属于任何一种类型，也不属于任何一种风格的范畴。从古希腊时期开始，西方就有学者和画家提出过关于形式美的学说。到了今天，形式美法则已被广泛地应用于现代的设计活动中，并逐渐被人们所接受。形式美的法则有如下内容：

1. 基调

基调主要指的是基本调性，也指主要运动方向以及形态的特征。要想实现和谐统一的艺术效果，就需要有一个基本的调性特征，其他的元素以此调性为基础和中线进行设计和整合。

2. 节奏韵律

一般来说，节奏是由某些形态要素有规律的交替、重复或排列来呈现，让人跟随着视觉的轨迹构成一种视觉节拍。韵律是根据审美需要而形成的，在不同的要素之间有规律地持续进行或者说流动，一般表现为一种视觉上的流畅性。康定斯基于 1910 年完成了他的首张抽象化的水彩作品。这张画被公认为是最早的一种抽象化的表现形式，并成为抽象绘画的开端。在其之后的一系列的构图作品，借助于单纯的抽象的色彩和线条来表现创作者内心的精神，可以呈现出一种类似于音符的因素存在；在画面中，抽象的点线面有节奏地、不停地跳动着。

3. 变化

变化在形式上，既有较大形式上的风格改变，又有较小形式上的具体要素的个性改变。变化无处不在，艺术作品中亦是如此。中国香港的梁志天在“精品酒店”的设计中曾经解释过，旧的建筑物改装，像日本东京的CLASKA这样的品牌，都是在一个非常古老的区域内，之前觉得这里不太时髦，但后来被集团收购，经过改造加上这家酒店，这里就成了时髦的区域。再老旧的款式，只要加入了新的设计，也能让它变得时髦。

4. 对比与秩序

对比指的是在各个要素之间借助于不同的手段产生一种冲突和紧张的视觉效果。对比有着非常重要的作用，但是尽管如此，也要将对比控制在一定的范围中，如果对比太过就会产生无序。

5. 单纯

在创造的过程中，创作者为突出形式感，会将不同造型元素，如形状、颜色等进行单纯化，并将它们组合成一系列，并与构成这些组合的空间形成一种合理的数量关系。造型要素简单而统一，就会展现出独特的魅力，非常鲜明有力。

除了以上这几种形式美的法则之外，形式美法则还包含分割与比例法则、对称与均衡法则、重心法则等。艺术家在进行艺术创作的时候，会组合、排列、分解这些造型元素，从而达到一种最理想的视觉艺术效果。艺术家在技能性艺术创作的过程中，为了实现艺术作品的目的，一般会对形式美法则进行综合的运用。任何一件优秀的艺术作品都需要对这种形式美法则进行灵活和巧妙的应用。

（二）形式美法则的特点

1. 抽象性

抽象性主要指的是抽象出各种个别形式美中具有美感的共同形式特征。该特征主要的形式是抽象，在审美意味上呈现出模糊的状态，有着不确定的审美感受，因此，对表现各种事物的美都适用。如卡西米尔·马列维奇，他主要使用的是一种立体的结构与解体结构的组合，运用非常简单并且鲜明的色彩计划，是一种没有主体的、抽象的艺术风格形式。他的《白底上的黑方块》于1913年完成，《白底上的白方块》于1918年完成，都反映了抽象派最原始的理性主义的追求，对当时的艺术发展有着深远的影响，并给当时的艺术发展指明了一个崭新的道路。

2. 相对独立性

形式美是一种自由的、不为内容所束缚的美。一是由于形式美的自然物质因素和组合规律具备美的因素，二是由于形式美是一种从具体美中抽象化而成的、相对独立的、自由的美。

3. 东西方在建筑设计存在形式美观的差异性

欧洲人对于事物之间的因果关系非常注重，注重形式逻辑。这样非常明确的逻辑概念以及因果关系在形式美法则中也体现得非常明显。例如，在西方的古典建筑中，把建筑物的形状拆分成不同的几何形体，然后把这些形体按照一定的路基进行组合。在这些形体中，基本上每一个形体都具有一定的几何形状，方就是方，圆就是圆。

在对形式美法则的思维方式上，中西文化有着显著的不同。东方人更加注重辩证逻辑，特别强调事物的辩证统一，将事物中的各个部分议案看成一个有机的、不可分割的整体。所以，东方建筑非常强调群体效果，对于寺庙、宫殿、宅第的群体追求整体统一，在园林设计、城市规划上也追求整体统一，非常讲究星罗棋布、众星拱月的布局。东方建筑的个体造型对于一些几何的东西会有意回避，一些让人难以捉摸的自然曲线构成了建筑的檐部、屋顶、脊饰，“离方遁圆”是东方建筑所追求的艺术趣味，在个体造型上，东方建筑与欧洲古典建筑有所区别。而在这一系列的壁画中，不管是敦煌的飞天，还是嫦娥的奔月，都没有任何装饰，仅凭一种自然的飘逸姿态、一条飘逸的腰带，就能腾空而起，这就是东方人对待艺术问题的辩证逻辑方法。

欧洲建筑设计师不仅对形式美法则进行了系统的理论学习，如学习韵律、比例、均衡、尺度、对称等理论，而且将其应用于实际中。中国人不但将这种形式美法则应用到了设计当中，而且更加强调一种更深层的东西：整体上的和谐统一，整个建筑与自然、天地和谐统一，设计与人的和谐统一；其目的就是要体现出一种宇宙的秩序感与和谐感。从整体效果来看，它会给人一种震撼人心的气势感以及一种能够打动人心的崇高美学，将天人合一的理想境界营造出来，贯穿整个设计。在中国漫长的历史岁月中，天人合一的设计思想一直存在，建筑和园林中都蕴含着天人合一的思想，书法和绘画中也体现着天人合一的思想，各种手工艺品中也贯穿着天人合一的思想。

（三）环境艺术设计与美的形式法则

环境艺术是一种对人们生存空间的设计，关注的点是人类的生存环境。内部环境艺术设计主要指的是对室内的陈设和家具等各种要素进行空间上的组合设计；外部环境艺术设计指的是对雕塑、建筑、绿化等要素所进行的一种空间上的组合与设计。环境艺术设计强调人在该环境中可以获得美的享受。在现代设计中，美的形式法则已经成为基础理论知识。在环境艺术设计中，设计师必须了解其服务的主要人群，从其使用功能的角度出发遵循美的形式法则，了解具体人群的多元需要，满足不同群体的体验感，这对于环境艺术设计来说是最基本的。

在 20 世纪 50 年代，布雷·马克斯是一位著名的景观设计师，他把美的形式法则应用到了他的环境艺术设计当中，表现主义、立体主义、超现实主义绘画深刻影响着他的设计风格，他在设计中会使用大量的不同类型的植物来组成非常大的彩色画。丹·凯利是“哈佛三子”之一，他设计了米勒庄园，在进行设计的时候借助于网格的结构和水平视线，借助于造景元素，如铺地、植物、景墙等构造了一个非常理想的景观空间。

在环境美艺术设计中，要把美学的形式法则和新的艺术观念有机地融合在一起，从而体现出特定事物的美感。

（四）美的形式法则在环境艺术设计中的应用

1. 和谐

和谐指的是在对设计作品中两种以上设计元素的相互关系进行思考的时候，要保证各元素给人们的感觉和意识是一种整体的、协调的关系，而不是杂乱无章的关系。各个设计元素在和谐中也应该保持一定的差异，需要对差异性进行控制，一旦差异性表现得特别强时，和谐的格局就转变为对比的格局。在和谐中强调共性，可以保证设计作品有一个基本的基调，以此才能产生视觉上的完整和统一效果。将对比的手法与和谐的手法交错使用，可以获得一种多样并且统一的设计效果。例如，在进行环境艺术设计时，对植物进行布置时，要充分地考虑每一种植物的色彩要素，比如说绿色，绿色也蕴含着颜色深浅的变化，将和谐的原则运用到设计中，可以保证植物的色彩和谐统一。在进行铺装设计的时候，对于颜色的运用不能太多，太多和太杂的颜色会导致整个设计作品不协调、不和谐。

2. 对比

对比指的是将两个有着强烈反差的组成因素有机地排列在一起，这样可以让人产生一种非常强烈的感觉，同时又保持着一种统一的感觉，突出了每一个设计元素的不同之处，可以让主题更加清晰，给人一种活泼、生动的感觉。对比关系主要是借助于各个元素之间的色调、色相、色彩、方向、形状、数量、位置、排列、形态等多方面的对立因素来达到相应的效果。在进行环境美术设计时，可以利用植物色相的红绿、颜色的明暗以及植物的挺拔和平缓的草地植物的反差，来为人们呈现明显的视觉美学效果。

3. 对称

对称在形态的布局上非常的规整和严谨，在视觉上会让人产生自然的、安定的、协调的、均匀的、典雅的、整齐的、庄重的、完美的朴素美感，非常契合人们的视觉习惯。对称可以让人产生一种非常轻松的感觉。在设计中加入对称的特点，可以让观看者的神经非常放松，不仅满足了在视觉上的平衡要求，同时也满足了在意识上的平衡要求。将对称运用到环境艺术设计中的时候，应该避免过分的对称，这样可以防止给人造成非常呆板、沉闷的感觉。我们可以将一些不对称的因素加入整体上对称的布局中，可以让作品变得更加鲜活，更加美丽。随着时间的推移，在环境艺术设计中，严格的对称已经很少用了。当艺术离开了最初阶段，严格的对称就会慢慢地消失，到了最后，这种严格的对称就会慢慢地被一种现象所取代，那就是均衡。在进行环境艺术设计的最初阶段，在进行调研和分析的时候，设计师要将设计对象作为一个整体来考虑，如果使用了对称的形式原则来进行整体的设计，那么就需要利用点对称或轴对称来将各个设计要素进行空间上的结合。

4. 均衡

均衡是一种动态的特性，它的形态构成有着动态的美，有着定量的变化之美。在大小、重心、色彩、形状、明暗上，设计要素各有不同，在进行设计的时候，设计师可以根据设计元素的色彩、轻重、大小等借助于空间组合来达到与其他元素的视觉平衡。在设计中，一般都是把视觉的重心作为支点，使各个组成要素在视觉上维持力度的平衡。我们应该立足于设计对象的客观条件，在环境艺术设计中明确设计对象的视觉中心，根据这个中心来对设计元素进行安排。

5. 比例

设计元素以及整体与元素之间的数量关系就是比例。在环境艺术设计中采用恰当的比例可以增加整体的协调美感，这也是美的形式法则的重要方面。在设计领域，黄金比例（1：0.618）得到了广泛的运用，极具美学价值，比如，在建筑小品、厅、台、楼阁等体量设计中运用比例，可以使设计作品具备美感与设计感。

五、环境艺术设计中“天人合一”美学思想的运用

（一）“天人合一”思想的地位及解释

中国的传统文化在很大程度上是与易学文化分不开的，也与儒学文化、道学文化和佛学文化不可分割。《易经》是中华文明的宝贵财富，是重要的文化瑰宝，其审美观念和美学思想在中国传统哲学中具有重要的地位，是中国传统的理论基础。在周易美学中，其核心是“天人合一”思想。

“天人合一”是中国哲学史上最重要的一部分，是核心部分，其内涵是十分复杂的。中国哲学史上的“天人合一”思想起源于周朝，历经孟子的性天相通的观点，到董仲舒的“天人感应”，在宋代的张载、二程的努力下趋向于成熟和完善。对于孟子的学说，张载和二程对其进行了进一步的发展，对董仲舒之道进行扬弃，由此进入了一个新的理论高度和水平。应当认识到，中国古代哲人“天人合一”的根本意义在于对“自然界和精神的统一”的肯定。

在现代环境艺术设计中，“天人合一”思想是适应时代发展的需要。在当前工业设计高度发展的时代，在面对大量的工业污染和工业垃圾，面临生态严重失衡的背景下，设计运用“天人合一”的思想是必然的趋势。《周易》有载：“夫大人者，与天地合其德，与日月合其明，与四时合其序，天行健，君子以自强不息”的“天人合一”的思想，其中要求与天地、日月、四时合拍，讲的就是人对自然的适应，是一种天人感应的学说。[①] “天人合一”是指人既要顺应大自然，又要与大自然融为一体的一种境界。按照“天人合一”的学说，人即是大自然，大自然即是人类，一切对大自然的毁灭都是人类的毁灭。

（二）当代环境艺术设计存在的主要问题及原因

1. 缺乏具有原创性、能体现中国传统地域文化的作品

近年来，国外的一些新观念、新思想、新理论被引进我国，这极大地激发了

① 支旭仲. 周易［M］. 西安：三秦出版社，2018.

我国设计师的思维，让设计师的思维更加活跃，开阔了他们的眼界，促进了他们的创新程度，但是也产生了许多问题，其中最突出的就是“拿来主义”，大量的抄袭，或者是简单的拼凑，导致设计师的设计既没有创意也没有文化底蕴。再加上人们盲目地追求潮流、追求时尚，造成了很多设计作品“似曾相识”“千篇一律”，频频出现打着简约现代风的却没有艺术内涵，功能使用不方便的室内装修和室外的景观作品。

2. 不尊重自然，生态环境遭人为景观破坏

随着社会经济的飞速发展，各行各业也在不断地进步与发展，这导致有些地方产生了急功近利的心态。比如，在旅游业中一些部门为了获得利润，并不在意自然生态环境的可持续性发展，导致一些自然生态和山川遭到了破坏，在山川中建造景中景，一些人工的景观项目一直没有获得收益。在我国的很多城市，有些开发商没有考虑原来的地域特征，而是选择了移水填湖或砍山伐木，这样就使得生态自然本来的相互依存、和谐共处的平衡被打破，造成了不好的结果。

3. 设计作品缺乏人文关怀

环境艺术设计的一个任务就是满足人的需求，为人类服务。这里所提到的“人”不仅仅是生理上的人，同时还是一个社会性的、有情感的人。环境艺术设计作品一方面需要满足人的最基本使用方面的功能，另一方面也需要满足人类的精神需求和心理需求。在这个经济飞速发展，物质生活越来越丰富的年代，在这个经济浪潮冲击着文化的时期，文化领域会产生价值观念的偏移、社会心理的失重、信念的丧失，一种急于求成的心态充斥着整个社会，这也就造成了快餐文化的泛滥。这也影响着环境艺术设计，在该领域人们仅仅注重经济效益，或者仅仅注重形式美和视觉美，而忽视了人类的使用和可持续性的发展，对于人的使用细节以及人的文化诉求和精神需求关注得也非常少。例如，一些房地产企业投入大量资金建设优美的景观，在景观中创造出众多美景，但在这些美景中，人们并没有可以休息和进行交流的一个场所和空间，很多的景观仅是让人们进行观看的。当前虽然也出现了一些非常优秀的设计作品，但是依旧缺少更加细致的人性化的设计，缺乏人文关怀，在我国的很多城市的公共环境设施中都可以看出这一点。

当前，中国的一些环境艺术设计忽略了继承传统文化、人与自然的和谐发展、以人文本的意识与理念，这是中国设计师必须要面对和要进行思考的问题。

（三）“天人合一”思想在建筑方面的体现

1. 从建筑材料上看“天人合一”思想

中国古代建筑是仅存的一种以木质结构为主体的建筑体系，始终强调建筑与大自然的和谐统一，崇尚和尊重自然，追求“天人合一”的精神境界。中国的古代建筑在艺术风格上追求平易、中和、深沉、含蓄的美。从材质上看，木料具有内敛深邃的自然美感，又兼有轻巧、结实、易加工等优点，正符合中华民族的文化性格，因而是中华古代建筑的第一选择。于是，“推陈出新”“不破不立”成为一种传统。再者，建筑归根结底是服务于人类的，所以以木料为主要材料也是必然的。就“永恒”而言，西方人的“永恒”观念是从石建筑中产生的，中国的“永恒”观念表现在场所的连续性上，是一种与自然不断延续的、生生不息的“永恒”观念。

2. 在建筑类型上看“天人合一”思想

中国是一个尊重大自然的国家。古代中国人因为自然界的魅力，所以时时刻刻都想要与自然进行自然的沟通、接触、交流。不管南北方，大部分的传统民宅都会有一种可以与自然进行沟通和有机连接的过渡空间，即檐廊空间。从空间形态来看，它是一种民居空间的外延，可以对户外的自然景观进行直接的吸收。如果从户外大空间的视角来看，檐廊空间的内侧的门窗限定、外部的廊柱和上部的廊顶限定、价值廊檐和地面的平台高差限定，构成了一个半开敞的空间形象。檐廊空间具有开放性和开场性，这就使得室内空间的封闭性被打破，实现了室内和室外的交流与流动。同时，在人类的生活中，檐廊空间对室内空间起到了一定的遮挡作用，人们可以在廊下进行各种日常活动，如休息、聊天、读书做事、聚餐、游戏等。南北方民居的游廊、皖南民居敞廊等，在空间尺度上和结构形制上基本与室内空间的规模相一致，人们所进行的活动与平常无异，但从心理上来说，实现了人与自然的相融、相接触。檐廊空间因其虚敞性实现了内外空间的流通和交会，这实现了人与自然和谐共处的愿景。

由此可见，中国古代人的理性完美地借助于檐廊体现了出来，体现了人类与自然不能疏离，使建筑尽可能地维持与自然共生的有机空间。与古代中国不同，在古代欧洲，厚重的砖墙上只有几扇小窗，没有任何走道，呈现出一种与世隔绝的感觉，无论是空间还是整体结构都呈现出人与自然的隔阂。

3. 从中国古代建筑风格上看“天人合一”的思想

中国古代建筑上具有非常多的人性化的设计，如斗拱、屋顶、飞檐等，这些机智且巧妙的组合，不但展现了建筑的结构美和装饰美，还展现了“天人合一”的境界。从秦、汉两代开始，建筑的房顶就非常宽大，并且有了“反字”折线的屋坡，这是后来“举折”的最初做法。尽管它的弧形并不大，也没有翘起的屋角，蕴含着粗犷古朴的气息，却是“天人合一”的重要体现。中国古建筑中的人字形的屋顶造型，一方面方便室外的屋面进行排水，另一方面也扩大了室内的空间感。相对于欧洲的平顶样式，中国的古建筑屋顶充分体现了中国的“天人合一”理念以及人性化设计理念，这种独有的建筑模式是中国古代劳动人民智慧的结晶，有着独一无二的中国建筑美学。“斗拱”是中国古代木构架建筑的精髓，没有一根钉子，全部由嵌合插接而成。在从承重结构转换为装饰构件的过程中，两者在技术和美学上完美地融合在一起。宋朝之前，“飞檐”并不是很高，但是，在宋朝之后，它就开始翘得越来越高，让原本显得有些笨重的房顶变得更轻巧。发展到如今，它已成了中国建筑风格独有的特色。

（四）“天人合一”思想在园林方面的体现

1. 从园林的造园原则来看“天人合一”思想

“源于自然，师法自然”是园林建造的首要原则。园林中的水景、山石景、建筑景和植物景的营造都要围绕“自然”展开。无论占地多大，园林都要按照自然规律进行细致的布置，别有一番情趣，让人流连忘返。园林主人的想法与生活态度体现在园林的各个角落中；园林内的各种景物营造出浓厚的文学意境，体现着主人的诗情画意，使小小的地方展现出广阔的世间万物。设计者对于园林中的一树一石，假山水池都要经过反复地推敲，将诗情画意注入其中，只有这样才能达到一种人与自然和谐相处的境界，达到景简意浓的艺术效果。

2. 从园林的造园要素来看“天人合一”思想

园林中的构成元素主要有三个大类：一是园林中的假山、峰石和不同形式的溪水、湖泊和泉水等山水，二是树木和花卉等花木，三是殿宇、楼阁、道路、桥梁、长廊、围墙等建筑物。以上这三类元素在园林学中被称为“造园三大元素”。这三大要素在园中的运用与布置，反映出园主与工匠对自然之美的认识，展现了他们对自然之美的表现能力。

在古典园林里，古代文人雅士所向往的山水情是蕴含最为深刻和广泛的。园林成功的最主要的因素就是古典园林的山容水态。在园林中的山景有真有假，在大的园林中往往是真山，一些小园林会引入山之余脉来完成园林造景。在古代人的思想中，山石凝聚着天地至精之气，一块块的石头蕴含着自然的山林之美。在古代园林中，山石的形态千变万化，没有两块会是一样的，因此山石成为营造山林氛围的重要手段。水景是山石景之外最有魅力的事物。清代的著名书画家郑绩曾说过："石为山之骨，泉为山之血。无骨则柔不能立，无血则枯不得生。"① 在中国的园林艺术中，水是活的灵魂。在园林中，静水主要是江河湖海，动水主要是泉水和人工瀑布。在古代，古人非常喜爱动水的声音，水声让人有身处幽谷溪涧的感觉。

宋代的画家郭熙曾说："山以水为血脉，以草木为毛发，故山得水而活，得草木而华。"② 由此可见，在园林中最有生机、最富有变化、最有华滋之美的仿自然景色就是植物景。在中国的古典园林中，高大的树木、翠绿的小草、散发着沁人心脾的芬芳的花朵，都能为园林营造出一种空灵的、深邃的氛围，让人仿佛置身于山林之中，享受着清新的空气，摆脱了尘世的束缚。在园林中，最为重要的人造景物之一就是建筑，这也是园林作为"可居可游"的关键要素。中国的古典园林力求将自然与建筑融合为一体，追求建筑与自然的和谐统一。就功能而言，建筑是园林艺术中第一种重要的组织手段和安置手段，有人可以在建筑中休息和驻足观赏风景，也可以作为客体被友人欣赏，同时与自然环境相得益彰，让整个园林增色添彩。

不管是山水景、植物景还是建筑景，它们都是古代园林对自然景物的匠心诠释，展现着人文精神。如果用现在可持续发展的语言来讲，它们就是一种对自然的依赖，是一种在人居环境中，将人与自然紧密联系起来的设计思想。这种人与自然接触联系的方式，是一种蕴含着"天人合一"理想的居住方法。

（五）"天人合一"思想在当前环境艺术设计中的运用

1. 环境艺术设计与传统文化的衔接

中国传统文化具有数千年的历史，我们应该站在历史发展的角度、站在东西

① 郑绩．艺文丛刊梦幻居画学简明［M］．杭州：浙江人民美术出版社，2017.

② 郭思，杨无锐．林泉高致［M］．天津：天津人民出版社，2018.

方文化角度对中国传统文化进行审视和取舍。在社会文化中，建筑环境设计都是有机的组成部分。从横向角度来看，不管是什么风格的设计都蕴含着其特有的文化和精神，是一个时代和文化语境下特有的，可以反映出不同时代的审美观念和价值观。从纵向的角度来看，无论哪个时期的设计，都与其所处时期的文化有着密切的关系。文化决定着设计形式，人们会按照一定的文化历史以及传统来进行设计。总之，所有的设计都应该反映出时代精神。建筑环境的设计要将传统与现代科技、时代精神相融合，突破相应的理念、造型、艺术，体现出当代人的思想感情、审美意识。

对传统的继承不意味着也不应当是重复历史。最近几年，有些仿古建筑只是简单的模仿复制，没有任何实质的创新，没有体现出古建筑的精髓。除此之外，较为普遍的是对古典符号的拼贴，这与和谐、自然的设计观念不符。对传统文化进行传承并将其发扬光大，这应当是建立在有取舍的继承之上的，对于外来的优秀的先进的成果进行吸收和借鉴，创造出具有民族性和时代性的建筑新风格，最终实现传统与现代的和谐统一。

2. 环境艺术设计与自然生态平衡对话

环境艺术设计既是一种与建筑紧密相连的设计，又是一种与自然界紧密相连的领域。世界范围内的生态主义浪潮，使得人类对人居环境有了更多的认识，更多地从科学的视角出发，景观设计师立足于地球的生态环境完成自己的使命。如今，在某些发达国家，景观设计师进行设计的出发点是生态主义的设计。在环境设计、环境建设和环境管理的整个过程中，都贯彻着尊重自然，场地的自我维持以及提倡能量与物质的回收利用，积极发展可持续的处理技术。在环境艺术设计中，对生态的追求已成为设计的重中之重。

生态性在景观设计中主要体现在对人与自然的关系处理上，在进行设计活动的时候要建立起人与自然的和谐关系，要秉持着可持续发展的理念，不对生态环境进行破坏，不掠夺资源，不污染环境，在此基础上，提高人类的居住环境和居住质量，并且在整个环境艺术设计中落实这一理念。

3. 环境艺术设计的人文关怀

在设计中，最基本的原则就是要先满足人们的功能性需要。环境艺术是为人而建造的，因此，在进行设计的时候，设计师应该对人与空间进行充分的尊重，在设计中体现出人性化的一面，体现出和谐有序的人际关系，尤其要体现出对弱势人群的关心，为儿童、老人、残疾人等人群的参与提供方便的环境。然而，一些设计工作却是本末倒置的，把建筑的形式放在第一位，忽视了人性的关怀。比如在一些城市的公共景观里，一些路面为彰显“档次”，在路面上铺上了很多光滑的大理石，导致人们在下雨的时候往往会摔倒；有的城市广场，为了显示“壮观”，采用了大片的建筑用地和草地，使得夏天的地表气温太高，很少有居民来广场玩耍。从以上两个实例可以看出，设计师在设计时并未注意人与设计之间的和谐。

在当代的环境艺术设计中，运用“天人合一”的理念，是中国当代环境设计寻求一条富有地方文化特色的发展之路。在实际操作过程中，设计师一定要采取一种批判的态度，对传统文化进行继承和发展，并与现代的设计理念和技术相结合，抓住现代的人文关怀诉求，展开创新和实践。通过这种方式，设计师所设计出来的作品不仅会具有丰富的地方特色和人文关怀，而且还会对人、自然、社会等诸多方面的关系进行平衡，符合社会人文、自然生态对当下环境艺术设计提出的符合时代发展的要求。

第三节　传统元素与现代科技在环境艺术设计中的应用

一、传统文化在环境艺术设计中的应用

（一）中国传统文化的表现

人类并不是一个抽象的整体，而是以民族、地域、国家为单位存在的，在不同的民族、地域、国家背景下，文化必然又带有特殊性，也正是这些特殊性才造就了丰富多彩的世界文明。中华民族有着悠久的文化历史和传承。在形成与积淀于中华民族上下几千年的发展进程中，构成当代中国文化格局的重要基础和土壤的传统文化，已经深深地影响着每一个中国人的思维方式、人生观和价值观。从整体而言，中国传统文化是一个包含着诸多相互联系、相互影响、相互作用的文化层面整合在一起的综合有机系统。同时，中国传统文化也随着中华民族的不断

发展、对外交往的不断加深，不断地补充新的内容。

（二）中国传统文化与环境艺术设计之间的关系

在漫长的历史河流中，经过大浪淘沙，我们国家积累了许多优秀的文明。可以说，我国的传统文化是在中华文明的基础上发展起来的，集我国特有的民族风貌和精神品质于一身。在各个历史时期，每个民族都有不同的思想观念和文化意识，它们整合起来就形成了传统文化。随着时代的进步与社会经济的飞速发展，传统文化越来越受到人们重视，成为现代社会管理不可或缺的重要组成部分。在当下经济全球化的背景下，想要发展经济离不开文化建设，我国对文化建设越来越重视。中国传统文化博大精深，包含了许多民族的优良传统，具有鲜明民族特色，是我们国家数千年来文明与历史的沉淀。随着时代的进步和社会的变迁，不同的地域形成了各自特有的文化表现形式和特征。在我国传统文化的发展历程中，形成了各种文化理论与流派，既有以儒家文化为核心的文化，也有道家和佛家文化。这些文化形式促进了我们国家文化体系不断进步与健全，展示着中华民族上下五千年特有的文化魅力。

在文化艺术范畴内，环境艺术设计属于一种新兴艺术，具有全面、科学、综合的特征，主要涉及环境艺术工程空间规划和艺术方案构想的诸多方面。环境艺术设计与建筑设计相比，其最大的特点就是注重将艺术性和实用性相结合，并且能够通过不同形式表达出设计者所想要传达的情感信息，从而满足人们对于精神层面需求的愿望。与此同时，环境艺术设计也涉及环境与设施的规划问题。例如，空间与装饰规划、造型和构造计划等，都是其涵盖的主要内容，当然也包括材质、颜色、采光、布光等，使环境设计既有使用功能，又有审美功能，这是细节层面。此外，环境艺术设计也可以被称为“视觉传达”，是一种将信息传递给人并使之产生联想与想象的过程。环境艺术设计的表现形态和表现手法都有很多，在一定意义上，环境设计属于艺术行为，比建筑工程更庞大，计划的范围更广。同时，又较其他工程项目设计更具有感情色彩。所以说，环境艺术设计不仅可以满足人们对物质层面的需求，也能满足人们在精神层面的需要。伴随着现代社会的进步和人们审美意识的增强，环境艺术设计正日益受到人们的重视。在实践中，环境艺术具有特殊的实践性，环境影响力大，给人一种全新的视觉效果。

环境艺术设计属于新兴学科，更是一种新型文化艺术形态。尽管我国的环境艺术设计起步晚，但是受到我国传统文化与艺术的冲击与促进，从而不断地进步与发展。环境艺术与建筑设计相比，其最大特点就是注重艺术性和实用性相结合，并且能够通过不同形式表达出设计者所想要传达的情感信息，从而满足人们对于精神层面的需求。尤其是在现代社会不断发展、科学技术不断进步的今天，我国的工业水平和商品经济高度发达，现代环境艺术设计是传统文化和现代科学的集合体，是经济与现代艺术的结合，使环境设计在实用功能和审美功能上达到高度的统一。

（三）中国传统文化对现代环境艺术设计的影响

1. 中国传统文化为现代环境艺术设计的发展提供了强大的支持

在宏观上，环境艺术设计的对象就是人、环境与空间，主要就是协调这三者的关系，由此营造和谐环境。环境艺术设计则是一种具体且抽象的精神活动，体现着一定的人文价值。环境艺术设计自诞生发展至今，皆受人类文化影响。因此，环境艺术设计必须要与传统文化相结合才能获得更好的效果。中国传统文化经过数千年的演变，具有深厚的历史积淀，包含着丰富的哲学思想和社会历史文化思想等，为我国政治、经济和艺术的发展提供了理论支撑，传统文化对于我国的现代环境艺术设计也起到了很大的促进作用，传统文化是中国特色艺术创作、艺术风格形成与发展的有力支撑。同时也可以说，传统文化对于环境艺术设计也有着深远的影响。就某种意义而言，中国传统文化构成了环境艺术设计风格产生与发展的根基。环境艺术设计作为一种特殊的艺术形式，其风格受着时代因素的影响，并且与所处地区的自然地理环境密切相关。在我国历史发展的各个时期，社会经济的差异、生产力状况的差异等，均会给环境艺术设计带来巨大的冲击。这些因素共同作用于环境艺术的设计之中。例如，社会经济和生产力在不断发展的同时，也给环境艺术设计风格带来了一定程度上的冲击，并且将具体的民族文化精神贯穿环境艺术设计全过程。另外，不同时代的人们所追求的审美标准也有所不同，这就决定了环境艺术的表现形式和设计理念与人们的审美标准有较大的区别。所以在各个时期，环境艺术设计风格始终能够代表当时文化的积淀，体现了各个时期独具特色的民族文化精神。另外，在不同时期人们所追求的生活方式和审美观点又决定着他们对美的理解和欣赏水平，从而使得不同时代的环境艺术呈现出不一样的风貌。总之，现代环境艺术设计是民族精神和民族气质的反映，体现了我国各民族的习俗和习惯，同时也是民族审美理想和美学观念在现代社会中的集中反映。

2. 具有中国传统文化特色的现代环境艺术设计风格体现

（1）传统文化哲学思想在现代环境艺术设计中的应用

在现代环境艺术设计过程当中，一方面，设计师要强调个人审美思想和艺术风格，另一方面，又需考虑人们的审美观念。因此，在现代环境艺术设计中融入传统美学思想，不仅可以满足现代人对于美的追求，还能使其获得良好的视觉效果和情感体验。这一过程要求设计师在传统审美的基础上寻求解答，不断吸收传统审美思想中的精华，在现代环境艺术设计中更有效地运用传统美学思想，使现代环境艺术设计与人们审美观念相一致，凸显情调彰显民族精神。

（2）传统文化对现代艺术设计发展的促进

在经济全球化迅猛发展的今天，世界范围内的文化交流在不断加强，相互之间的文化渗透程度也在不断增加，我国现代环境艺术设计工作处于一个文化全球化时代。在这一背景下，如何将民族文化与国际文化融合成为当前我国设计行业面临的主要问题之一。民众的审美观念和审美需求等都不同程度地受到文化全球化带来的冲击，传统文化环境变化巨大，但传统文化已经深深植根于人们的思想观念之中。所以，如何将现代环境设计与传统文化有机结合起来，已经成为目前急需解决的问题之一。在现代的环境艺术设计，如何更理性、更自然、更科学的利用传统因素，使现代文化与传统文化协调共生，是推动现代环境艺术设计的基本手段，进而推动了中国文化特色现代环境艺术设计风格的形成。

（四）现代环境设计中的传统元素应用

以中国传统文化为艺术内涵的环境艺术设计，反映着设计者与使用者的审美情趣与文化内涵。在这一背景下，如何将民族文化与国际文化融合成为当前我国设计行业面临的主要问题之一。就现代环境艺术设计而言，中国传统文化的运用是非常广泛的，二者的有机结合，使环境艺术设计具有文化内涵，也推动了对传统文化的创造与革新。

1. 传统色彩的运用

色彩的使用在视觉冲击和艺术表现力等方面都具有重要意义，能够将作品的意义准确表达。色彩对艺术设计起着举足轻重的作用，对于环境艺术设计来说，同样显得特别重要。因此，在室内设计中运用到了色彩设计。在我国传统的色彩文化当中，不同颜色代表着不同寓意，对于人们的心理起着不一样的作用。在色彩文化中，人们通常会根据自己的喜好来选择相应的色彩搭配。例如，中国传统色彩红色就代表着喜庆、平和与快乐，被大家称为中国红，是中国人喜爱的色彩之一。红色作为一种吉祥色，不仅能表现热烈、活泼的情绪，而且还能传达出各种美好情感。2010 年上海世博会中国馆把“斗冠”的形制作为外在整体形制，把红色作为建筑的主体颜色，反映着中国特有的文化，表现了中国人对于上海世博会这一盛会召开的欣喜，还表示欢迎外国友人的到来。红色作为一种具有悠久历史与文化底蕴的色彩，其丰富多变的表现形式深受人们喜爱。传统色彩中的黄色是富贵的象征，也是至尊的身份的象征，现代环境艺术设计经常将黄色应用于高档场所的室内装潢中，如酒店、会所，给人一种高档、大气、豪华的视觉感受。中国仿膳饭庄的房间以黄色为基调，与宫廷建筑装饰元素相匹配，朴素雅致的室内陈设表现了浓厚的宫廷氛围，烘托出了酒店的尊贵与典雅，与酒店的特点——仿宫廷菜肴有较好的吻合。通过对该设计案例中的黄与红两种不同色彩对比关系和运用手法进行分析研究，总结出这两种不同色彩之间存在着一定规律，并将它们合理地应用于现代室内环境中去。在环境艺术设计中，传统色被赋予了特殊的情感意义，使它的文化内涵不断丰富，在现代艺术设计中已经是一种趋势。

2. 传统文字的运用

中国传统文字是在象形字基础上发展起来的，是我国独有的一种文字形式，从造型到书写形式均有一定艺术性，反映了丰富的文字内涵，是中国文化最主要的载体。随着人们生活水平的不断提高，对于精神需求方面越来越高，因此在室内设计中运用到了色彩设计。汉字是方的，给人视觉上顶天立地之感，行书、草书、楷书、小篆和其他各种书写形式显示出汉字特有的审美性。汉字的这些特性决定了它与人们生活有着密切的联系，其应用也非常广泛。在设计时，文字是必不可少的一个要素，广泛应用于现代环境艺术设计领域。随着社会的发展，人们对精神层面的追求越来越高，传统的书法艺术也得到了前所未有的重视和传播。

2008年北京奥运会会徽中国印设计，把传统文字中的“文”用跑步的人形展现，并且与印章艺术相结合，表现出了浓厚的中国传统文化特色，向世界显示出中华文化的丰厚底蕴。2010年上海世博会徽章，整合了文字和人类运动形态，图案形如“世”字，与“2010”有巧妙的融合，显示出中国书法之博大，更是使徽章具有深厚的象征意义。随着社会经济的不断发展，人们对物质生活水平提出更高要求，因此，环境艺术设计也越来越重视视觉形象，更加注重视觉效果。城市景观、公园碑刻、石雕及其他环境设计建筑物，无不体现着中国传统文字。传统文字在环境艺术设计中既丰富了表现形式，并被赋予深厚的文化内涵，既增强了作品的人文性，也加强了整个环境的风格特点。

3. 传统造型的运用

中国的传统造型种类非常丰富，多数的灵感与创作来源于我国的民间艺术，充分反映了中华民族的地域风格与文化内涵。现代设计越来越多地融入了这些优秀的传统元素。中国传统造型给环境艺术设计带来许多材料与启示，环境艺术设计表现形式与艺术手法不断丰富，并且具有了特殊的地域特征。武汉著名的小吃街户部巷，中央立着一尊铜像，出售武汉传统点心——热干面，不但引来众多游客驻足观看，更是将武汉独特的小吃文化呈现给游客。国家大剧院采用半椭圆形造型，映着水，恰好构成了整个圆，呼应四周矩形水池，与中国传统的天圆地方相吻合、“天地合一”儒家思想。鸟巢公园盘古大观建筑群采用中华民族独有的龙形作为形制，建筑群最高层之上是龙首造型，建筑本身就是龙身，旁边的4座矮建筑构成了一条龙尾，整个建筑群显示了中华民族博大精深的龙文化，成了中国传统造型应用于现代环境艺术设计的范例。

（五）中国传统文化在现代环境艺术设计中应用的意义

1. 推动环境艺术设计的发展

环境艺术设计就是设计师运用多种技术手段与表现手法，表现出个性鲜明，独具艺术特色，受设计师技艺水平、个人情感、生活阅历等因素影响，以及民族精神与传统文化对他们的熏陶。随着时代的发展，社会对字体设计提出更高的要求。环境艺术设计的根本要求是要处理好人和居住空间环境的关系，注重文化在设计中的影响功能。

中国传统文化博大精深，哲理思想丰富，经过数千年来的持续发展，形成中华民族独特的精神与文化。对于环境艺术设计风格而言，发展与创新均发挥着重要影响。现代设计中也越来越多地融入了这些优秀的传统元素。中国传统文化在给环境艺术设计带来丰富创作素材与启示的同时，使之具有了文化内涵，满足了人们对于居住环境审美的需求。随着时代的进步和社会经济的飞速发展，人类对于生存环境提出了越来越高的要求。现代环境艺术设计更是如此，更关注人类审美需求——绿色和生态、自然与其他文化理念相融合，它不仅反映出人们对于优美居住环境的要求，也是中国传统文化“天人合一”思想的反映，促进现代环境艺术设计不断向前发展。随着经济全球化进程的加快，我国传统文化与国际文化之间的交流越来越频繁，这给现代环境设计带来了许多启示。现代环境艺术设计发展到今天，要使用新材料、新技艺，更多地要融入文化内涵，使之更富有表现力、生命力，更好地适应现代人对于人居空间的需求。

2. 传承中国传统文化

在目前经济全球化潮流中，多种文化的碰撞、交流融合更凸显了中国传统文化继承与发扬的意义。与此同时，现代环境艺术设计呈现出多元文化特征，催生出一种全新的审美观念、审美意识与需求，现代环境艺术设计文化内涵有待革新。而中国的传统文化源远流长，博大精深，有着浓厚的民族特性，对于人的思想行为产生了较深远的影响。它不仅是我们宝贵的精神财富，更是推动人类社会进步和文明的动力源泉。所以，要继承中国传统文化，就有必要对它的内涵进行深刻的发掘融合时代特性，采用新材料、新技术，在表现手法上不断创新，突出中国传统文化的传统性与民族性。此外，现代社会是在一个开放、竞争、复杂和多元化的大背景下，这给现代环境艺术带来了诸多挑战。继承中国传统文化，要求建构传统文化和现代文化的协调统一。把二者有机地结合起来，给现代环境艺术设计带来了大量的材料，也给人们带来了深刻的文化给养，形成了富有中国传统文化特征的现代环境艺术设计。

3. 加强环境艺术设计和中国传统文化的融合

我国传统儒家思想“天人合一”这一根本哲学观点，呼吁人与自然的和谐相处，回归自然。长期以来，它一直是环境艺术设计的一个概念，更在现代环境艺术设计中占据着主导地位。本文以环境艺术设计作为切入点，阐述了“天人合一”

思想对其产生影响的历史必然性及当代价值。环境艺术设计与中国传统文化相融合是“天人合一”思想的体现，新材料的应用、新技艺与新观念并存于环境艺术设计中，强调从设计上反映人与自然的和谐相处、协调发展等思想，反映了中国传统文化之博大精深，创作的作品题材较新，内容较丰富。在当今时代，环境艺术设计已经不再只是单纯的美化生活的工具，也不仅局限于满足人们物质上的需求。将中国传统文化融入环境艺术设计之中，既能丰富作品的艺术表现力，更能给现代人带来轻松的心情、恬淡灵魂抚慰之地。我国古代文人画家很早就注意到竹类植物的特性，并以“竹”作为主题元素进行环境设计且赋予其独特的精神意义。苏州四大名园中的沧浪亭，院子里种的全是竹子，表现主人爱竹。竹子以其特有的姿态展现在我们面前，它那挺拔的身姿和秀丽的叶片给人以清新淡雅之感，使人们感受到大自然的魅力。竹子是中国传统文化中的刚的代表，高雅脱俗是其标志，反映了设计者优雅的审美情趣与崇高的道德情操，更是在环境艺术设计中有机地融入了中国的传统文化，反映了中国传统文化中“天人合一”思想。

中国传统文化是中华民族精神与文化的沉淀，已深深地植根于人的心灵与生活中，在现代社会仍显示出勃勃生机。现代设计作为一门综合艺术，也必须将传统文化元素融入其中。中国传统文化在现代环境艺术设计中的应用，不仅在现代环境艺术设计中得到了革新和发展，也是发扬与继承了中国传统文化。随着经济全球化进程加快和我国综合国力的增强，越来越多的人开始注重文化素质的提高和艺术修养的培养，这也为我国当代的环境设计提供了机遇和挑战。新时代环境艺术设计，要求设计师全面研究并把握中国传统文化之精华，创新表现手法与技艺手段，反映传统文化特色，增强作品审美情趣等。

（六）进一步实现中国传统文化元素与现代环境艺术设计的结合

1. 精心选择与提炼中国传统文化中仍然具有时代意义的元素

在现代环境设计艺术中，我们要对这些浩如烟海的文化元素进行必要的选择与提炼，有针对性地选择继承。一方面，一些明显已经与时代要求不适应的，诸如，过于反映封建等级思想或重男轻女思想的元素不应该继续出现在现代环境艺术之中，还有一些明显不利于社会主义先进文化建设的内容也是如此。另一方面，在中国传统文化中，精品不可胜数，有古典诗词、书法、京剧、国画，有故宫、长城、敦煌莫高窟、苏州园林，有绫罗绸缎、唐装、旗袍、中山装等。面对这么多遗产，既是我们的幸运，也给我们的选择与提炼增加了难度。设计师在进行具体的设计时也要有所取舍，要选取最有代表性、最能体现中国风格的元素。

2. 要实现中国传统文化的精品元素的时代化

在对传统文化元素进行了精心筛选和提炼后，设计师也不能对这些元素进行照搬照抄，而是应该视具体的设计意图，将传统文化元素与当代的新科技和新工艺糅合在一块，体现时代与传统相结合，不能是简单地仿古。例如，中国传统装饰要素多为不能适用于现代化都市的密集环境的木材、天然石材、陶瓦、土砖等。因此，在现代建筑环境设计中，我们应该运用现代的建筑材料进行装饰造型，但形式与立意还是应该参照传统装饰要素的合理设计理念，从而既能体现新时代的进步，又能保证传统文化的意境和品质。

二、传统建筑元素在环境艺术设计中的应用

与现代建筑相比，传统建筑属于艺术语言范畴，它是各种特征或特性组合起来的，以往一定时期或区域文化建筑精华。因此，我们必须要重视现代环境设计中的传统文化元素的运用。作为某一时期某一风格的楷模，它可以用非常有代表性的时期，也可以用典型地域或者种族进行识别。世界各国在不同时期有各自独特的艺术风格，也就形成了各具特色的建筑风格和流派。例如，以时期为代表的文艺复兴时期，以地域为代表的欧洲风格等。传统建筑不仅是我们宝贵的精神财富，更是推动人类社会进步的动力源泉。这一传统的建筑语言就是某一特征元素的重复集合。它往往被作为一个单独的体系来表现，而并不是孤立存在于其他建筑类型之中，如哥特式建筑特征要素为尖顶拱门、巍峨的拱顶、纤细的柱子、巨型彩绘玻璃窗等。文艺复兴时期的建筑也有类似的情况，如教堂尖塔上镶嵌着大量雕刻图案、壁画以及各种精美的装饰纹样。这些特点是传统建筑形成的基本元素，就是整个建筑风格里反复出现的那一部分。因此，可以说，每一种传统建筑都有其特定的内涵与意义。这些传统的建筑元素构成了环境艺术设计整体的基石，将传统建筑元素进行精炼与处理的工艺，是对于传统建筑中的不同要素的研究与感悟，摆脱了单纯重复旧样式而产生新样式。

传统的建筑元素主要有两种使用广泛的元素，第一种为视觉形象元素，主要指在视觉上能够直观反映的实体元素。现代设计作为一门综合艺术，也必须将传统文化元素融入其中。例如，中国古典建筑的柱、梁、屋顶上有曲线和彩画，西方传统建筑有多种柱式、柱头、拱等造型、窗式等。第二种主要指建筑精神元素，就是在一定文化环境下积累起来的思想，就是看不见摸不着的因素。例如，中国数千年的古代文明有自己特有的精神传统，如儒家文化倡导的中庸态度和秩序追求等，对我国古代的城市规划和建筑布局产生了深远影响。另外，还有一些无形的元素，如宗教思想中“天人合一”等哲学思想都与我们现在所说的人文精神息息相关。中轴线、对称布局等的大量使用，在建筑上显示出优雅的风格、含蓄的格调，皆属此类无形元素之列。

（一）对传统建筑元素应用研究的意义

在当今社会中，现代化信息传达手段非常丰富，如电视、网络、图片和印刷品等信息媒介都可以实现信息传达，每天都有大量设计信息被反复展示出来，成为人类生活的环境。人们在欣赏着各种造型新颖的现代建筑时，会被它们独特的结构、优美的装饰和精湛的技艺深深吸引，并产生强烈的共鸣，透过视觉、触觉、听觉和其他感官将其传输给大脑，形成对建筑物的直观掌握，看过这些建筑之后都不用再进行逻辑上的分析与反思，就会很快获得直观感觉，其原因是人类大脑中录入了许多关于以往建筑的资料。现代建筑设计就是运用各种先进技术使人们能够从大量的历史资料中获得更多的有用的信息。人根据感受和学识将许多关于过去建筑中的资料、审美能力进行扬弃、储存、分类等，在与新建筑形象相遇后，则通过神经网络把新图像与以往分类编码后图像直接比较，透过图像间诸如尺寸、造型、颜色、材料等，空间结构及其他多元差别对图像进行辨识与对照。这种方法在现代建筑设计中是非常重要的。传统的建筑元素具有巨大的优越性，为大众耳熟能详，其信息量不只包括传统建筑元素自身，而在其背后也代表了一定时期内丰厚的社会、文化背景。传统建筑包含了许多现在可以见到的文化符号或象征物。这些资料还容易得到别人的承认。这就要求我们在进行建筑设计时，必须考虑它所涉及的各种不同方面的因素。用传统建筑元素在全新设计系统中应用，就是折中之法。在这个过程当中，设计师要根据不同情况选择适当的形式来表达自己的思想与情感。通过申请，它不仅使人们原来的信息量得到充实与发展，再加上新的发现与开拓。在现代社会，传统建筑元素的使用价值越来越高，不仅能使我们的生活更加美好，还能够体现出一种和谐美。与此同时，传统设计元素也引发了人们的联想、深思、深情和其他多元情感，有其深层文化内涵。

（二）全球文化中的“本土化”大趋势

以市场为导向，以国际化为目标，每个国家的文化都能借助发达的信息技术得以传递、整合，形成相互交织的良好局面。只有那些具有本民族特点的文化，才有可能在这一国际环境中经受住时间的考验为世界所公认。与此同时，人们已经充分意识到了“民族越多，世界越多”的现实。现代文化向“本土化”方向发展成了基本趋势，也成了回归传统的大趋势，已成为不可逆转的文化现象。伴随着社会经济与科技的不断发展，现代环境艺术设计正面临着全新的需求与挑战，既要使人们的物质需要得到满足，还必须满足人们的精神需求，两者不可偏废。只有这样才能使设计作品体现出独特而鲜明的个性魅力与价值。所以，当代中国设计师应该立足于对传统文化遗产进行深入发掘，充分运用先进的科学技术，使艺术、自然、人文相结合，进而造就了有高度文化内涵的作品，创造出符合人性的生活空间，真正实现适宜人居住的安居生活。

（三）中国传统建筑装饰元素简述

1. 和谐美是中国传统建筑的首要特征

从古至今，中国建筑的基础都是建立在特定时代哲学之上的，是建筑美学和哲学的完美结合，浑然天成。一方面，中国建筑具有典型儒家气质表达，既有合理的秩序，又有森严的等级规则；另一方面，也有道家精神的体现，其“天人合一”的境界使人们对宇宙间万事万物都充满着敬畏之情，从而产生了强烈的审美追求和情感体验。同时，道家空灵意境在于和建筑、装饰之渗透，给人一种飘逸、幽远的美感。另外，儒家哲学对建筑的影响也主要集中在审美意识上，即崇尚自然而不追求奢华，推崇质朴而不苛求精细精致。因此，中国的建筑表现出了和蔼、理性，又呈现出恢宏大度的特点，同时还呈现出意蕴深长、空静清淡的艺术风格，正是对两种美学思想相辅相成，相互渗透的验证。其中重要表现之一是，中国建筑美学思想在注重建筑个体营造的同时，又讲究“境界”的协调与共存，用心灵去观察建筑和周边环境之间的相互关系。山水同林、乡土建筑成了人们追求“境界”的好地方，在不同区域，不同民族对自然的适应，在同自然界的长期斗争中，创造出了适宜人类生存的生活环境，建构了人与自然有机整体。

2. 中国传统建筑的美学性格——“中”

以“中轴”对称建筑美为中国古代建筑的显著特征，常常被认为是中国式建筑的独特魅力。这种对称式中轴布局也就成了中国古代建筑文化中的一个主要特征，甚至达到被人膜拜的程度。在我国传统建筑设计中，“中轴”对称一直占据着主导地位。从房屋建筑中轴对称再到城市规划布局都是以“中轴”对称为基础进行改造的。在建筑设计上，它与传统的阴阳学说有一定关系，并具有丰富的哲学内涵。它的设计以前后中轴线为主体，忽视交轴线的设计，交轴线是完全附属的，是中国建筑特征之一。在现代建筑设计中，这种对称性仍然有很大应用空间，有城市的规划，有创造宫殿的建筑，有民居，甚至在寺庙、陵墓设计时都会采用中轴对称。对称之美无所不在。

（四）中国传统元素种类

1. 斗拱

斗拱是在传统建筑中起到承载建筑整体重量与支撑的作用，是十分重要的，一般在建筑之中都是顶梁的形式。斗拱不仅仅起到一种支撑的作用，在传统建筑之中也是一种具有象征性的表示。一般的大户人家的房屋建造之中斗拱的设计十分的繁复且精细，斗拱是这户人家的一种社会地位的象征。很多的斗拱上都有着一些纹饰是那个时代的整体的精神文化象征。

2. 屋顶装饰

在传统的建筑设计之中，屋顶的设计也是极有特色的，分为很多的种类，大体可以划分为歇山式、硬山式、悬山式、攒尖式和卷棚式等一系列的样式。当然除了这些应用较为广泛的样式之外，还有一些比较特殊的屋顶样式，但是运用不太广泛。屋顶的样式在中国传统的建筑设计之中有着较为严格的等级制度，按照等级制度的划分运用于不同阶层的民众或者皇族。其中，重檐庑殿式是级别最高的，一般运用在皇宫的主殿之中，是属于最为尊贵的一种，一般的百姓人家是绝对不可以使用的。

3. 门窗装饰

在中国传统建筑之中，门窗装饰是极为繁复与讲究的，门与窗分为各种各样的类别。门在传统建筑之中有着极为重要的意义，外门的设计一般都有着极为浑厚之感，体现出了一种庄重的感觉，还有就是防护内院的作用。所以，在设计的时候不仅要注重设计的繁复性，还要顾忌到外门的防范性，这与当时人们居住宅邸的布局有着很大的关系。而一般的内门则是用格子或是扇门，这种设计就形成了一种通透性与沟通性，不会使得屋子内部太过沉闷与压抑。而窗的种类在传统的建筑之中也有着很多的种类，包括支摘窗、什锦窗等。但是，在每一个朝代，窗户的使用也有着较大的差别，如在西汉到唐朝时期窗户主要属于直棂窗，山西五台山唐佛光寺大殿的门窗装饰就是这一时期的窗户形式的代表。每一个时期受到不同历史文化与社会情况的影响，对于门窗的设计也有着较大的差别。

（五）现代环境艺术设计中传统建筑装饰元素的应用

1. 中国传统物件的运用

当今最热门的环境艺术设计之一，就是要把西方设计理念和东方文化结合起来，主要做法就是将传统的事物加入现代设计中，使其能够成为一种艺术载体，把现代的设计理念直接交给了作品，这对形成耳目一新的视觉享受很有帮助，还可以传递传统文化对现代作品的启示。传统和现代直接应用等，将设计新理念有效融合，同时又对现代艺术作品进行创作，对传统文化进行革新。因此，在现代环境艺术设计当中融入传统文化的因素，能够更好地体现我国独特的民族精神以及深厚的文化底蕴。现代环境艺术设计既要兼顾作品本身，也要兼顾其周边环境，从而将传统文化中的内涵充分展现，使现代环境设计作品具有了更深层次的文化内涵。为满足设计要求，当室内陈设设计完成后，可选择合适的中国文化元素，使作品焕发出一种独特的美感。如在陈设设计方面，可选用中国传统文化元素，像雕花纹饰、窗格门扇、绘画、书法、中国瓷器饰品等具有中国特色的文化符号。中式家具有长桌、圆桌、方桌等桌子，客厅宜选方桌，方桌用料应选用木材，要求制作精美，纹饰讲究，给人稳重端庄的感觉；从陈设上看，可选用中国瓷器、书法和绘画，让中国传统文化元素更好地应用于现代室内，给人们一种不一样的感觉。

2. 传统文化的运用

我国古代民居建筑设计，许多是直接利用中国传统文化进行设计和改造的，不论建筑物外观，还是室内布局，皆是透过展示适当的器物与文化图案来抒发文化情感。在当代环境艺术设计的范畴中，这一文化表达方式至今仍被人们所看好。通过结合多种传统文化元素，来表现环境本体以外的感受，这是传统文化所特有的一种表达方式。在这种情况下，设计师要对传统进行深入挖掘和利用，从而更好地发展我国的环境艺术设计事业。从目前我国各地新建或改造的一些博物馆来看，它们往往会将不同时期、不同风格、不同流派的传统艺术元素融入其中。例如，苏州博物馆在设计中同时运用中国传统元素，也顺应了现代审美要求。博物馆的室内设计有庭院、山水、石板桥等，具有“小桥流水”的中国古代山水画卷之美，设计时自然突出传统的文化特征。同时，还将一些传统元素融入室内空间之中，使之更加富有民族特色。民居建筑设计通常是依托中国传统民居建筑进行的。因此，我们可以把这些民居建筑作为研究对象来分析它的装饰风格和空间特点，并从中寻找出一些规律性的东西，从而对现代住宅建筑设计有所启示。例如，位于福建省的围楼，该建筑周边简洁大方，经久耐用，更多地受到了中国儒家思想的熏陶，室内按不同需要设不同建筑面积，它的建筑风格也就是对传统建筑风格的重新塑造，给人以耳目一新的感觉。

3. 形神共存的运用

在现代环境艺术设计中，设计师要想很好地应用中国传统文化元素，便要求对中国的传统文化有一个细致的了解，运用现代艺术手段创新与发展中国的传统文化，从而确保中国的传统文化元素和现代环境艺术能够得到完美结合。在传统文化视野下，我国推崇自然天成的艺术作品，其主要以素雅为主，将质朴的格调展现得淋漓尽致，使这种环境艺术设计作品富有诗意，在这种艺术设计下，传统文化得到了更加广阔的发展空间。在现代环境艺术设计中融入中国传统文化元素，这条途径可以让我们更好地继承与发扬中国的传统文化，有助于提高民族自信心，促进我国环境艺术设计事业的蓬勃发展。同时，也为现代设计提供了一个新的方向。比如在儒家思想文化里，建筑注重天然和大方之美，就现代环境艺术设计而言，设计师在创作时可应用儒家思想，艺术作品不能有过于复杂的构造，要化难为易，注重大气、简洁。此外，设计作品还应该体现出鲜明的民族特色，让人们感受到浓郁的文化氛围，从而产生强烈的归属感，提升人与自然环境之间的亲和力，实现人与自然的和谐相处。设计师要以中国传统文化为艺术创作的背景，运用现代简约艺术技巧，重新提炼与创造中国传统的文化元素与标志性符号，让中国文化的要素和内涵更简洁和标志化。

传统的建筑装饰元素是中国数千年来的文化思想集大成者，是艺术美学之结晶，在现代建筑装饰设计中融入我国传统文化元素，已经成为我国建筑装饰行业的必然发展趋势，充分表现现代建筑民族性和本土文化气息，是中国建筑装饰设计一个新的发展领域和方向。

三、虚拟现实技术在环境艺术设计中的应用

（一）虚拟现实技术与环境艺术设计的结合点

虚拟现实技术可以对环境艺术设计的状况进行直观的展示，加强在预算方面的准确性。使设计过程中，双方的互动性不断增强，有利于对配景进行展示，转变了传统环境艺术设计受到思维表达限制的状况。因此，虚拟现实技术之中综合性的系统的设计表达系统，有很好的发展前景和应用前景。虚拟现实技术与建筑动画是密不可分的，主要依靠网络技术与多媒体技术来实现建筑的虚拟现实技术。综合性专业性信息技术具体讲，虚拟现实技术是网络，人工智能等技术的集中体现，图形学与多媒体及其他学科技术研究，成了最新研究成果。随着计算机软硬件水平的不断提高，虚拟现实技术得到迅速发展，并且逐渐在各个领域中应用。国内对于虚拟现实技术的研究始于20世纪90年代，并取得显著研究成果。随着科技水平的提高，虚拟现实技术逐渐被应用到各个领域。虚拟现实技术是建立在计算机虚拟现实系统基础之上，终于在演示方式上取得了突破性进展，把建筑的全景通过虚拟技术手段展示出来。在建筑环境当中应用虚拟现实技术系统具有很大的优势。当建筑环境采用了虚拟现实技术系统，除可虚拟化展示建筑全景，并创造性地对待人从事高级行为，具体人脸表情与图像合成问题等，向人们讲话时的头势、手势，甚至人的语调、语音、动作等方面都有同步研究，实现虚拟现实技术下软件接口及体现图。在虚拟现实技术日益发达的今天，在环境艺术设计中、在建筑设计以及工业设计中，虚拟现实技术已开始得到广泛应用。

（二）虚拟现实技术的特征和环境艺术设计的需求相吻合

虚拟现实技术有以下特点：构想性和交互性强，沉浸感和多感知性等，虚拟现实技术操作者就是在这些特点下，才能进入由计算机系统构成的交互式三维虚拟环境，并且与这样的虚拟环境发生沟通与交互，通过虚拟环境与参与主体进行交互，透过人类对于所触碰事物的认识与感知能力，能给参与者以思维方式和深度等方面的启示，让参加者有身临其境之感，体验人类与计算机技术交互时的乐趣，把虚拟现实技术所具有的本质特点付诸实践。将虚拟现实技术上述特点应用于环境艺术设计过程是非常有必要的，虚拟现实技术操作人员通过利用计算机技术，利用虚拟现实技术将真实物体模型虚拟在实际中，能够虚拟出那些在现实中不存在的模式。举个例子：先执行方案，设计工作人员可与施工方面人员直观探讨，以及将对应设计方案及设计所需模式回馈给建设方，使得执行的公司易于在模型及虚拟方案中明确缺陷，提出了相关选择建议及修改意见，该实施方案方法具有直观、新颖性强、操作非常简单等特点，进而使每个使用顾客都能从自己的情感上体验该计划的特点。与此同时，对于那些非常复杂建筑的室内设计、环境景观设计与箭镞规划等，能够增强展示的互动性，输入设备的价格逐渐平民化，同时输出设备价格持续下降，但是技术的进步使现实视频质量持续增强，使得它的技术功能越来越完善。应用软件继续朝着操作简单化的方向迈进，最终推动虚拟现实技术在我国的普及与推广。

（三）虚拟现实技术在环境艺术设计过程中的优势

在社会日益发展的今天，我国在环境艺术设计领域的进步十分明显，社会物质生活水平日益提升，也使环境艺术设计需求越来越多。环境艺术可以改善城市文化氛围，增强大众文化意识。环境艺术由建筑内外空间来定义，涉及许多学科，囊括建筑内外一切空间元素并与陈设、家具、室内要素以及其他要素相结合的空间组合设计，结合景观小品、雕塑、水体、铺装、绿化场地、道路与建筑及其他要素结合进行空间组合设计。环境艺术设计是一个系统而又繁杂的工程，与一般艺术设计截然不同，建立在对现实条件与环境条件尊重的基础上，运用艺术与科学相结合的手段，将现实环境进行打造，从而提升人们的居住环境，最终让建筑满足了人们的休闲、工作、生活及其他沟通的活动需要。人的认识活动是以感觉为起点的，透过感受，可认识不同客观事物的性质，然后进一步认识心理活动与意识，它是人的大脑与外界接触的重要依据，以人类感受需求为依据，利用虚拟现实技术，使建筑物具有直观、可视的特点，将人们的感受淋漓尽致地呈现，加强了人与人之间沟通，满足了人们物质与精神生活等方面的需求。

（四）虚拟现实技术可以对环境艺术设计进行直观地展现

在中国城市化进程日益加快的今天，国家和人们对于公共环境空间的规划设计的要求也在不断提高。以城市规划为例，在向有关部门报告城市规划阶段，对于环境艺术的表现手段就经历了由手绘图纸呈现初步效果，利用电脑绘制 3d 效果图，再到创作建筑动画等系列发展历程，人类一直在寻求新的科学技术来增强虚拟现实技术，使其呈现出高品质的表现手段。虚拟现实技术对于表现环境艺术设计具有较大优势，和过去表现技术比较，有创造性等优点。虚拟现实技术能够在硬件平台与软件平台之间搭建出逼真图像的虚拟环境，让顾客在触、视、听全方位增强感官接收刺激信息能力，给顾客身临其境之感，达到感官刺激后，能在高度集中，思维异常活跃的状态中，连续回忆整个演示，让顾客持续专注，最后使记忆内容保持持久性与深刻性。

虚拟现实技术也可以不断地加强对项目成本的核算工作，可以解决持续改进材料预算、结构预算精准等建筑难题，继而降低因预算出现失误所带来的诸多问题，因此，主要针对建筑结构设计中材料预算运用虚拟现实技术进行分析探讨。如对于大型房屋建筑来说，城市规划与室内、室外装修在虚拟过程中，可强化设计人员引导，使之形成对于整体结构的理解，降低设计过程中出现的预算不准确，避免因预算不准确而造成损失。

虚拟现实技术在报告设计方案过程中具有得天独厚的优势，在与顾客交流观点的设计表达过程中，具有传统表达方式不可比拟的互动性特点，顾客能沉浸在房间的构造中，展示了各设计部位细节，显示各设计元素中的关联，论证了虚拟现实空间的作用及利用时的效益，让客户进一步了解方案展示阶段。客户能够将自己的想法融入其中，使得整个设计更加生动形象，从而达到良好的效果。与此同时，顾客通过与设计师的交流与讨论，得出了设计中的不足，进而实现协作化沟通。建筑动画、计算机效果图等方面又有了新发展，得到了大多数顾客的青睐。

虚拟现实技术可以增强配景的呈现，环境艺术的虚拟，除显示主场景，还可以显示配场景，如车辆情景、人物情景、植物表现等。随着科技水平的提高，人们越来越重视对于虚拟现实技术的应用，将其应用于建筑设计当中是十分重要的。在过去建筑动画及效果图中不能直接操作性浏览，但虚拟现实技术能够将配景、角色等图像虚拟出来，也可通过虚拟历史场景，历史人物，营造凸显人性化情景，增强环境艺术设计的展示效果。

（五）虚拟现实技术的应用前景

虚拟现实技术自 20 世纪 80 年代被引入国内至今，在技术上进步非常显著。相对于过去环境艺术设计方式而言，虚拟现实技术改变了过去思维上的局限，是综合性设计表达方式之一，避免由于传输信道影响导致设计信息受影响，降低二维尺规对形态的冲击，就理论而言，虚拟现实技术能够便捷、快速利用多类型空间环境数据，并且还能实现不同类型的虚拟场景的制作，为设计师提供了广阔的创作平台。虚拟现实技术有一个清晰的方向，那就是高质量、快速图形，出色处理，通过在这些方面不断地改进，能推动输出设备与输入设备，使得加工的容量越来越大。最后，虚拟现实技术在环境艺术设计中的应用得到强化，对环境艺术设计实质与方法进行了改革，充分展示了环境艺术设计的潜力，充分显示了它的微妙性、复杂性等特征，根据综合感受，获得丰富联想，利用各种虚拟现实技术与手段，推动了其理论研究与应用研究持续开展。目前，在我国虚拟现实技术已经开始广泛地应用于各个领域，包括建筑设计、城市规划、景观设计等领域。但虚拟现实技术也有其不足，如技术不足，设计领域的研究仍有较大的空间，要增强人际活动与人类活动的要求，在设计全过程中贯彻为人服务理念，把人在精神与物质上的要求，也就是把人对于环境的要求摆在了一个举足轻重的地位，因其具体设计过程也存在复杂性，设计人员要把顾客的情感放在第一位。

在计算机技术日益发展、环境艺术设计日臻完善的今天，在 MIS 系统、VAD 系统、智能技术、虚拟现实技术、可视化、多媒体等多种技术达到综合性应用。其中，虚拟现实技术由于其不受时间空间限制、操作简单快捷、交互性强、沉浸感明显以及能够模拟各种自然场景等优点，得到越来越广泛的运用。尽管虚拟现实技术存在着价格过高，普及性不足等缺点，但在设计日臻完善时，虚拟现实技术所具有的发展潜力良好设计优势，持续引起使用者及设计者关注。因此，将虚拟现实技术运用到室内设计中能够提高室内设计的效果，使得设计师更好地把握空间以及材料的选择，从而为人们提供更多优质的服务，可强化设计人员引导，使之形成对于整体结构的理解，降低设计过程中出现预算不准确，避免因预算不准确造成损失。

第三章　特色小镇发展概况

本书第三章为特色小镇发展概况，分别介绍了三个方面的内容，依次是特色小镇的基本概念与内涵、特色小镇的共性特征、特色小镇发展现存主要问题与反思。

第一节　特色小镇的基本概念与内涵

“小镇”一词在中国经常使用，但并未标准化。这个概念的内涵和外延是有争议的。不同学科的小城镇的定义也不同。一般来说，中国小城镇的定义是分为狭义和广义的。狭义上是指城镇。广义上除城镇外，还包括小城镇或集镇。狭义上的小城镇具有明确的现实对应关系，基本上用于中国的政策和发展实践领域。广义上的小城镇概念强调了中国小城镇发展的动态性和乡村性，并已广泛应用于小城镇研究领域。“特色小镇”是经济发展的创新空间组织形式。

一、特色小镇概念的演进

特色小镇最初兴起于国外，欧美特色小镇以特色产业和深厚的历史人文底蕴为依托，与周边城市形成联动并提供服务支撑。

国内特色小镇的概念源自地方建设小城镇和推进城镇化的实践。“特色小镇”这个提法最早出自云南省政府，特指那些将人文、自然资源巧妙地融合，在统一中表现出自身特色的小城镇。随着 2014 年底浙江省特色小镇建设实践的进行，浙江省“特色小镇”的概念越发为人所接受，即特色小镇并不是行政意义上的建制镇，而是一种全产业链融合、各种创新要素聚合的产业升级和经济转型的平台。

尽管全国的特色小镇建设开展得如火如荼，但是各地政府、社会和学界对特色小镇概念却尚未达成共识。中央政府提出的特色小镇，是在借鉴浙江特色小镇的概念定义、实践经验与建设方法的基础上的提升总结。相比浙江的概念，三部委提出的特色小镇更加注重培育特色产业、传承传统文化、保护生态环境、宜居环境建设、完善市政基础设施和公共服务设施等多个目标的协调发展。同时，由于将特色小镇的概念从纯经济产业平台概念落实在行政区上，因而比起浙江的特色小镇，中央的特色小镇有更加清晰及具体的界定轮廓与空间形态。在快速城镇化阶段，中国特色城镇兴起的重要原因是对集聚经济的追求，即通过挖掘特色产业，聚集人口和行业，促进规模经济。良好的交通便利是小镇产业发展的必要基础，通达的信息网络是小镇高质量发展的重要保证。

国内早期的探索集中于特色小城镇建设，并以建制镇为建设单元。可以说，中国的特色小镇是在江苏和浙江兴起的，其中梦想小镇，云栖小镇和黄酒小镇就是典型代表。住房和城乡建设部公布的第一批和第二批特色城镇主要分布在东部沿海地区，其中江苏、浙江和上海共有 54 个，占两批总数的 13.4%。在国家政策的大力支持下，特色小镇建设开始在全国迅速蔓延。

（一）从规划角度的定义

目前，政府和学界关于特色小镇概念的界定尚未有统一依据。因此，从行政区划的角度来看，特色小镇可以是具有一定经济规模和特色产业的行政建制镇。但是，从浙江的实践来看，特色小镇也可以是依靠一定的特色产业和特色因素（如地理、生态、文化等），具有明确的产业定位、文化内涵、旅游特色的综合开发项目。特色小镇是旅游景点、产业集群和新型城镇化发展区的集合体。也就是说，在几平方千米的土地上，有一个新的创业平台可以整合特色产业形成的人类居住区，其文化和设施以及生产、生活和生态协调发展，并且不同于行政建制镇和产业园区。

（二）从小镇发展特色角度的定义

特色小镇应该是一个包容性的概念。由于中国幅员辽阔，自然资源和经济条件各不相同，特色小镇无法以某种特定方式或模式进行推广。而是应该适应各种模式的探索，甚至打破行政区域的传统局限，着重于产业、历史、环境等因素的独特结合，形成一个具有特色相对集中，特色鲜明的工作区和生活区。就其内涵结构而言，特色小镇呈块状经济模式，环境优美（独特的城镇风格和分散的空间水平），产业繁荣（特色产业具有独特优势），文化旅行有机整合（浓郁的本土文化）、设施配套（完善的社区服务）、管理先进（政府引导、企业为主的市场化运营机制）的新型城镇化模式（图 3–1–1）。强调创新要素，整合特色产业，培育新型空间载体，可以在新的经济常态下提升产业水平，优化产业结构，培育新兴产业，促进经济结构优化和产业转型升级，实现新一轮的生产，做到“产城”融合。特色城镇建设将改变传统精打细算和从扩展到集约化的发展，这将有助于解决资源环境和人才因素等瓶颈，是城市发展的供给方改革的典范。

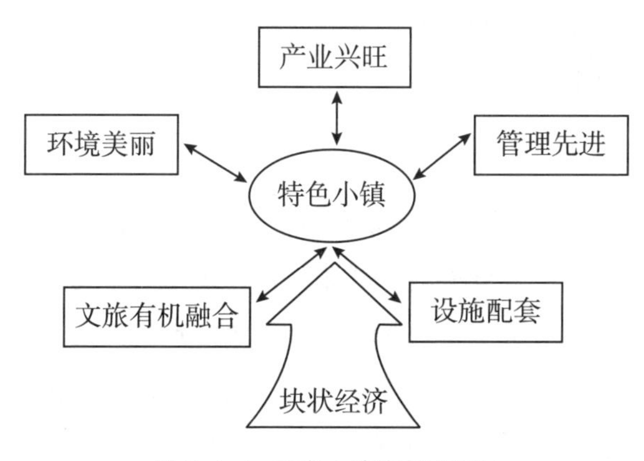

图 3–1–1　特色小镇的内涵结构

（三）从地方性特征定义

2014 年，时任浙江省省长的李强在考察“云栖小镇”时提出“让杭州多一个美丽的特色小镇”，当时主要结合浙江省的情况和产业布局，提出要建设特色城镇。2014 年，浙江省将特色城镇升级为重要的发展战略，从顶层设计的角度重新定义了特色小镇。2015 年起，浙江省全面启动建设一批产业特色鲜明、生态环境优美、人文气息浓厚、兼具旅游与社区功能的特色小镇。全省上下聚焦特色小镇，全省兴起创建特色小镇热潮，先后两批共创建 79 个省级特色小镇（其中，第一批 37 个、第二批 42 个），还有 51 个培育名单。自此之后，各省各地区积极参与特色小镇建设工作，全国各地掀起新一轮建设热潮。2016 年 10 月，国家住房和城乡建设部发布了《住房城乡建设部关于公布第一批中国特色小镇名单的通知》，公布了首批 127 个国家级特色小镇名单。《浙江省人民政府关于加快特色小镇规划建设的指导意见》（2016）这样定义“特色小镇”，它相对独立于市区，它的发展空间平台具有明确的产业定位、文化内涵、旅游和一定的社区功能，它不同于行政区划单元和产业园区。国家发展和改革委员会在《关于加快美丽特色小（城）镇建设的指导意见》指出，特色小镇主要是指集中于特色产业和新兴产业，以及聚集发展因素，与行政建制镇和产业园区的创新创业平台不同。这两者都强调特色小镇不是行政建制镇，而是一个空间和平台。综上所述，特色小镇是指从行政区域规划中将产业、人文和生态融为一体的创新创业发展平台。特色小镇的“特”是指集中特色产业，吸引高端专业人才落户，并利用一定的区域来满足生产和生活的多功能需求。特色小镇的“色”是指在保护环境的前提下，通过乡土风情充分展示当地独特的文化历史资源。

（四）从产业角度定义

特色小镇的概念已深深植根于人们的心中，人们对此的关注也仍在继续，但依旧没有统一的定义。从中国特色城镇发展的角度来看，更多的特色小镇从产业角度被理解为发展空间平台。它不同于行政区划和产业园区，基本上以小镇为基础，以要素为核心，以特色产业为主要内容，有效解决了中国城市化进程中的突出问题，形成了中国城市化改革的新形式，是经济发展的重要载体，是一种新兴的城镇化推进模式，是调整产业结构的重要途径，也是中国经济社会发展的重要战略。

作者认为，特色小镇主要是指利用产业引擎带动区域发展，利用传统工业历史和区域的产业优势，整合当前国家新的产业定位，加入新兴的文化特色和功能，通过旅游概念、创业创新概念等实质形式来建设的社区和创业平台。

二、特色小城镇与特色小镇

根据《中华人民共和国城市规划法》，小城镇是指除城市以外的已建立城镇，包括县级城镇。除了狭义概念中提到的县城和建制镇外，广义还包括集镇概念，它是农村一定区域内政治、经济、文化和生活服务的中心。

（一）发展定位

“特色小城镇”是传统建制镇，强调了小城镇的基础设施和公共服务，而“特色城镇”则更强调小镇的产业和经济利益的发展平台。从分布上看，特色城镇可以是远离城市的小村庄，可以是位于大城市周围的小镇，也可以是城市内某个相对独立的区块。特色小镇不是城镇或地区，既不是行政区划中的城镇，也不是产业园区或风景名胜区。它专注于特色产业和特色文化，在此基础上，确定自己的位置，并充分挖掘自己的产业特征、人文底蕴和生态禀赋的多种经济形式的聚合体。

（二）产业特色

2014 年发布的《国家新型城镇化规划（2014—2020 年）》，强调了小城镇亟须构建特色鲜明、优势互补的产业发展格局，需要强化其产业承接和集聚能力。浙江省指出特色小镇要坚持产业、文化、旅游“三位一体”发展；湖北省提出以加速人口、用地、产业集聚为出发点，加快小城镇建设。这些发展要求正是基于我国推进特色小镇的产业发展但成效不佳而提出的。特色小镇建设亟须重新配置产业资源，打破传统资源分割现状，推动特色产业集聚、孵化与加速发展。产业集聚对区域特色培育的作用十分显著，通过引入产业集聚这一产业组织形式，寻求小城镇发展与产业集聚的有机结合，推动新型城镇化发展，主动适应并且引领经济发展新常态，要在理论研究中不断地去总结经验，在实践中探索创新。

特色小镇在区域经济发展中具有举足轻重的地位，凭借其独特的资源优势，独特的地理位置或丰富的历史文化资源形成了一个经济较为发达且产业更加集中的完整的城镇。特色小镇利用产业引擎带动区域发展，充分利用区域传统产业历史和产业优势，整合当前国家新型产业定位，通过度假旅游概念、创业创新概念等实质形式建设的社区和创业平台。特色小镇是中国城镇化改革的一种新形式，是经济发展的重要载体，是城镇化推进过程中的新兴模式，是产业结构调整的重要方式，也是中国经济社会发展的重要战略。

在城市化过程中有两种道路选择：第一，优先发展小城镇，以大城市为辅，促进城镇化。第二，优先发展大城市，带动小城镇发展，形成大城市圈经济带。在过去的几十年中，由于经济发展的迫切需求，我国选择了优先发展大城市的道路，而小城镇在发展过程中出现了许多问题。在这种情况下，特色小镇的出现显得非常重要。

（三）区别与联系

以某一产业为基础的“特色小镇”模式是由小城镇模式演化而来。特色小镇不同于特色小城镇，在概念、主管单位、提出背景、面积、产业类型和建设主体方面均有所不同。但特色小镇和小城镇之间还存在着密切的联系，特色小镇是小城镇中的重要发展主体，小城镇是特色小镇发展的主要载体，二者相得益彰、互为支撑。特色小城镇包含特色小镇，二者相互补充，相互支撑。二者的详细区别，如表 3–1–1 所示。

表 3–1–1　特色小镇与特色小城镇的区别

对比项目	特色小镇	特色小城镇
概念	特色小镇主要是指聚焦特色产业和新兴产业，集聚发展要素，不同于行政建制镇和产业园区的创新创业平台。特色小镇是相对独立于市区，具有明确产业定位、文化内涵、旅游和一定社区功能的发展空间平台，区别于行政区划单元和产业园区；通过以产业引擎带动区域发展的思路，利用地区的传统产业历史和产业优势，融合目前国家新型产业定位，加入新兴文化特色和功能，通过度假旅游概念、创新创业概念等实质形式建设的社区和创业平台，非建制镇、非产业园区	特色小城镇是指以传统行政区划为单元，特色产业鲜明、具有一定人口和经济规模的建制镇。一般指城乡地域中地理位置重要、资源优势独特、经济规模较大、产业相对集中、建筑特色明显、地域特征突出、历史文化保存相对完整的一种建制镇，通过凭借其独特的资源优势，地理位置独特，或者历史文化资源丰富等，形成了产业比较集中，经济较为发达的完整乡镇
提出背景	经济转型升级、城乡统筹发展、供给侧结构性改革、乡村振兴	新型城镇化建设、新农村建设
主管单位	国家发改委	住建部
区域范围	规划面积控制在 3 平方千米（建设面积控制在 1 平方千米）	整个镇区（一般为 20 平方千米）
产业类型	信息技术、节能环保、健康养生、时尚、金融、现代制造、历史经典、商贸物流、农林牧渔、创新创业、能源化工、旅游、生物医药、文体	商贸流通型、工业发展型、农业服务型、旅游发展型、历史文化型、民族聚居型等
建设	政府引导、企业主体、市场化运作	政府资金支持、统筹城乡一体化、规划引领建设
案例	云栖小镇、龙泉青瓷小镇	浙江大唐镇——袜艺小镇、古北水镇

有学者认为，小城镇和特色城镇作为城乡之间的纽带，是城乡之间非常重要的缓冲区，应该吸收更多的城乡人口。特色城镇的建设有利于企业家精神和创新

精神的形成，是集生产、城市、人口、服务紧密结合的新型城镇。还有学者认为，“与小城镇不同，特色小镇是原有城镇空间中的一个重要部分。特色小镇以产业发展为核心，以创新型的发展模式为特色，涉及面非常广。特色小镇的规划首先要因地制宜，要根据各地不同的具有特色的传统产业、环境、文化进行建设；其次特色小镇并不是一个封闭的空间，建设过程中要与周边区域的发展相互融合，形成相互补充、相互促进的合理产业群。”

（四）发展趋势分析

特色小镇的定义不同于传统的行政级别。它基于城市周围区域的相对独立的空间，目的是将传统产业或新兴产业聚集在一起，同时吸收人才、技术，创业活动和其他相关元素。它强调产业，人与环境的融合，是城乡一体化的新型城镇化模式。特色小镇与特色小城镇虽然两者的概念在空间限定、目标导向、建设期望等方面存在差异，但在内涵方面却有着共同的追求，都以地域特色塑造和人们安居乐业、以人为本为初衷。此外，特色小镇与工业园区、经济开发区、旅游区等空间载体也存在区别与联系，具体的概念解析如下所示（表 3–1–2）。

表 3–1–2 特色小镇、建制镇、工业园区、经济开发区、旅游区的比较

类 别	行政区划属性	产业结构	管理运行主体	开发建设模式	功 能
特色小镇	非行政区划，可跨行政区域，面积较小	集聚七大产业及一批历史经典产业，工业与服务业紧密融合	企业	企业主体	兼备生产、生活、生态功能
建制镇	行政区划概念，面积较大	除功能区外的镇域范围内以服务生活的第三产业为主	政府	政府主导	以生活功能为主
工业园区	在单一行政区域范围内，面积可大可小	以工业制造业为主	园区管委会	政府主导	以生产功能为主
经济开发区	半行政区划概念，具有政府职能部门性质，面积较大	以工业、服务业为主，一般是高新技术及其他各类产业工业园集聚地	管理委员会投资公司	政府主导	以生产功能为主，兼具生活功能
旅游区	非行政区划，可跨行政区域	以旅游业及餐饮、休闲等相关服务业为主	旅游公司或政府	企业或政府	以主导生态、生活功能为主

三、特色小镇的本质内涵

特色小镇不是传统意义上的“城镇”，而是一种以特色产业和产业文化为核心，以创业创新为要素的新经济形式，是各种经济要素相结合、全产业链整合的产业升级和经济转型平台。从2011年云南省和2014年浙江省提出的“特色小镇”，到2016年第一批中国特色小镇名单，再到2017年第二批特色小镇名单，“特色小镇”的实际内涵是不断发展的。但是，它们的共同核心是探索新的制度，并为中国城镇化的“新长征”和“再次奇迹”创造新的载体和动力。把握特色小镇的本质内涵，概括起来主要包括以下四个维度，分别为产业维度、功能维度、形态维度和制度维度。将发展理念和内涵进行交叉构建，可以得到评估框架（表3-1-3）。

表3-1-3 特色小镇发展水平评估框架表

	创 新	协 调	绿 色	开 放	共 享
产业特而强	产业创新驱动	产业链接发展	绿色低碳产业	发展开放经济	生产效率提高
功能聚而合	创新产业功能	主体功能协调	生态安全格局	强化结构调整	公共服务均等
形态精而美	营运特色景观	城镇风貌协调	建设美丽城镇	优化投资环境	城乡差距缩小
制度活而新	体制机制创新	促进要素流动	环境治理制度	外商管理体制	收益共享机制

（一）特色小镇发展的四个维度

1. 产业维度

特色小镇要能够紧贴产业，力求“聚而合”，明晰定位。作为产业的空间载体，特色小镇的打造必须与产业规划统筹考虑，在一定的创新和特色基础上，与周边产业或者自身形成完善的绿色低碳型产业链，通过新兴产业，如大数据、云计算、物联网等，来实现自身的快速发展，产业的经济开放度和生产效率更高，因此小镇“特色”的打造关键在于产业的科学谋划和定位。

2. 功能维度

特色小镇应起到一定的集聚作用和协调作用，需要多种功能综合，使得地区经济、社会和生态等各功能之间协调互补发展，同时也有利于提升公共服务功能。特色小镇要具有“融合”功能，和而不同，在做强特色产业的基础上，不仅要传承历史文化，培育独特的小镇文化，更要完善社区功能，将人、产业、环境有机地融合，做到宜居、宜业、宜游。

3. 形态维度

特色小镇在产业布局、小镇建设和整体环境上需要有一定的特色形态、空间特征、建筑、开放空间、街道、绿色景观和整体环境能展现“小而美”，不仅是产业的集聚、融合，更要将传统文化的底蕴和休闲文化的内涵有机融合，结合地域文化特色形成小镇个性文化，并将这种小镇文化植入小镇建设的各个层面和领域，从而增强企业与居民的文化认同，达到空间形式和环境质量的协调发展，投资空间环境质量不断提高。

4. 制度维度

特色小镇在一定意义上是一个特殊的政策领域。要把握特色小镇的内涵，需要结合制度层面的含义，围绕特色小镇的发展目标，用创新的精神推进理念、模式、制度持续改进，在政府层面需要摒除旧观念，在运营机制、产业导向、制度供给等方面做出创新，建立起与其发展相适应，能激励产业、资金和人才进驻，并且保障特色小镇可持续发展机制。

总之，特色小镇并不是一个行政意义上的城镇，而是一种空间发展平台，其亮点和突出点在于“特色”、以特色产业为核心，兼具经济、科技、文化、旅游和生态等功能的统一集合体、根据自身情况、结合资源条件选择一些发展前景较好，优势明显的行业作为主导产业，如私募股权基金、金融技术、大数据、云计算和医疗卫生服务等，以实现城市的深度整合和可持续发展。

（二）特色小镇内涵解析

在行政意义上，“特色小镇”不是乡镇，在产业、功能、形式和机制方面形成了独特的内涵。特色城镇发展要聚集大量创新要素，形成完整的创新生态体系，始终牢固树立创新发展意识，大力开展创新，增强内在驱动。将特色产业与创新要素相结合，不断相互渗透。其内涵特征可以解析为以下几点：

1. 产业“特”

从构成特色城镇的关键元素的角度定义，特色城镇的产业应该“非凡而强大”。特色城镇的核心是特色产业的发掘与发展。这里的特色产业不仅要突出当地特色而且要可持续发展，产业的空间载体是最基础、最有前途的特色产业，也可以带动周边地区的产业和经济发展。与现有的产业集群和产业园区相比，互联网创业，云计算和基金等行业比一般产业更具创新性。因此，有必要采用新的观念、新的模式、新的机制来促进产业的转型升级。特色产业必须保持独特的个性，避免同质化竞争和错位发展，并且必须是符合城镇发展计划和承载能力的产业。

总的来说，特色产业的选择要根据当地资源、区位环境和产业发展历史等基本条件，结合新兴产业、传统产业升级、历史经典产业回归发展。

2. 人群“特”

特色小镇的工作者主要是学者、行业领袖、科技人员、回国留学生等。他们的特点是智商高、情商高、技能强。他们中的大多数具有高学历，高收入和独特的思想。

3. 位置“特”

卫星城镇分为独立和半独立类型。因此，它们与大城市的距离也相对较远，而特色小镇通常位于中心城市内部，或位于大型城市周围的设施完善的村庄和城镇，具有相对独立的空间。

4. 功能“特”

特色小镇功能更像是温室。它不仅需要提供服务来保护企业创新所需的基础设施，而且还必须为员工创造一个舒适宜人的生活环境。浙江省的特色小镇依附于周围大城市的交通、商业等配套设施。该功能远远超出了专业小镇的低层次和自给自足。

（三）从组织形式及功能的角度界定

特色小镇建设应充分调动社会资本力量，发挥政府资金的作用，大力促进PPP模式的使用，并与社会资本共建基础设施和公共服务项目，共享利益和共担风险。特色小镇可以发挥经济辐射作用、科技文化的主导作用和创新作用，培育新的经济增长点，带动区域经济的新增长，缩小城乡发展差距，增强居民的幸福感。

1. 特色小镇的功能要“聚而合”

特色小镇的“聚而合”功能意味着在有限的空间内，城镇的产业、旅游、文化等功能可以得到充分整合和发展，不仅突出特色产业的发展，建立健全特色产业链，还能够形成良好的环境，充分发挥地方文化特色，开发特色旅游资源，促进生产、生活和生态空间的融合。特色小镇由一定的特色产业和特色环境组成，具有旅游特色和社区功能的发展综合体。特色小镇是一种经济现象，是一种产业空间的组织形式。也就是说，特色小镇的核心功能是“生产”和“服务”。“生产”是指特色产业的生产，“服务”是指满足人们生活和居住的社区功能。

2.“镇”的概念创新

特色小镇的“镇”不是指行政区划或行政单位，而是位于大城市中或周围，空间相对独立，产业定位清晰，旅游与生活功能融为一体的一种新的经济形式，其经济因素聚集，特色产业和特色文化平行。这是一个产业升级和经济转型的平台，在此平台上，整个产业链得以整合，各种创新要素得以聚集。

3. 特色小镇的形态要“小而美”

一般而言，特色小镇的面积为3～5平方千米，面积不应太大。但是，城镇建设要坚持生态优先的原则。首先，我们必须保护当地的生态环境，其次，我们必须在文化的保护和传承方面做好工作。在此基础上，在城镇生态、文化和旅游发展方面做好总体规划设计，要有独特文化价值以及遗产文化的景观和建筑，体现小镇“小而美”的独特风格、风貌和风情，最终目标是建设一个美丽，宜人且特色鲜明的小镇。

4. 特色小镇机制要“新而活”

特色小镇是创新与发展的平台。因此，其建设应摒弃政府大包装的体制机制，创新工作思路、方法和机制，积极吸收各方的优秀独特思想。任何有利于特色小镇发展，符合实际发展要求的好主意，都可以纳入小镇探索试点。政府应在引导服务方面做好工作，让公司积极探索自己的发展道路、充分发挥公司的灵活性和创造力。相对于产业集群、建制镇、工业园、经济开发区、旅游区而言，特色小镇和其他类别的特色城镇比较，是促进新型城镇化过程中的新探索，是产业平台的升级。

（四）从发展模式与发展阶段角度界定

张鸿雁认为，特色小镇是经济社会发展到一定历史阶段的区域空间和要素集聚发展模式。[①] 企业通过资源整合和市场化经营管理方法，成为特色小镇建设的主角（图3–1–2）。

① 张鸿雁．论特色小镇建设的理论与实践创新．中国名城［J］.2017（1）：4–10.

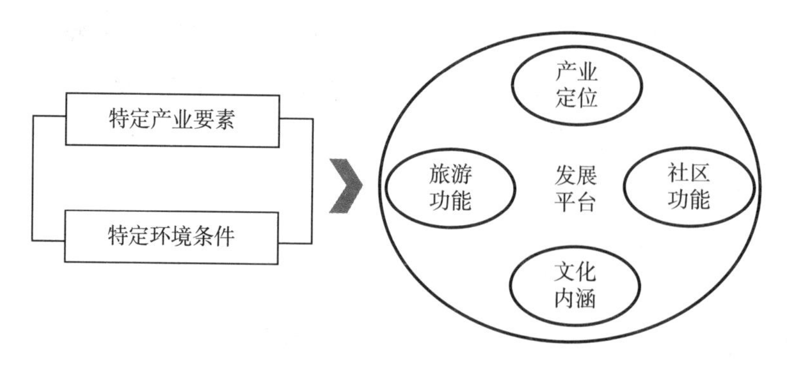

图 3-1-2　特色小镇的建设逻辑

总体上，目前多数观点认为特色小镇的基本概念是“非镇非区”。特色小镇不是行政建制镇，而是产业发展载体；不是产业园区，而是同企业协同创新发展的企业社区；不是政府大包大揽的行政平台，而是以企业为主体、市场化运作、空间边界明确的创新空间和创业空间。特色小镇的基本内涵是产业的“特而强”；功能的“聚而合”；形式的“小而美”；机制的“新而活”，是创建创新创业发展平台和新型城镇化的有效载体，多因素共同促进特色小镇健康、有序发展。

第二节　特色小镇的共性特征

目前，在国家的支持和鼓励下，特色小镇在全国各地兴起，遵循创新、协调、绿色、开放和共享的发展概念，依赖于一定的特色产业和特色环境因素，能够体现区域特色、生态特色和文化特色。特色小镇有明确的产业定位、文化内涵和旅游特色，形成了一定的社区功能综合发展体系。它既不是一个旅游胜地，也不是一个产业园区，更不同于传统的行政制镇，而是一个具有多种功能的新型城镇化模型。在乡村振兴战略中有着不容忽视的重要功能。首先，集聚功能。特色小镇在与城市相连的同时也与乡村相连，是促进城乡一体化发展的重要战略支点，可以最大限度地利用当地农村的自然资源和人力资源，有效地开发和利用能吸引城市的资金、人才、技术和服务等各种资源，促进产业链，创新链，人才链和资本链的紧密耦合，为产业多元化发展搭建平台。其次，辐射功能。特色小镇的产业“核心”一旦形成，就可以通过龙头企业和标杆企业，带动和促进中小企业、个体企业和农民等相关实体的发展，并形成城市、城镇和乡村之间的补充供求关系，营造第一产业、第二产业、第三产业融合发展的共赢发展格局。最后，示范功能。特色小镇具有鲜明的工业特色，生态环境优美，文化氛围浓郁，适宜居住和休闲，可以促进产业之间、城镇之间的融合与发展，加快农民的城市化进程，推动美丽农村建设，形成具有独特魅力，活力和张力的城乡统筹发展新模式。

特色小镇的综合特征可以从三个维度来解释。第一，它以特色产业和泛旅游产业的融合为支撑、满足了常住人口和短期人口的配套设施和服务的需求，并具有城镇化的特点。第二，注重特色产业的培育，经营模式创新和区域发展，具有经济引擎效应的特征。第三，遵循绿色发展原则，就地建设，不占用耕地，保护了生态，优化了环境，尊重了传统，挖掘了文化，具有生态宜居环境的特点。它不同于行政建制镇、工业园区、产业集群等经济空间载体，具体从不同角度分析，呈现出不同的共性特征：

一、特色小镇培育环境特征

（一）区位选址便利性

特色小镇的建设通常需要四个前提，即便利的交通、巨大的产业发展潜力、丰富的人力资源和良好的生态环境。特色小镇的地理位置一般位于城郊、在城市内或城市周围相对独立的空间。与普通城市相比，它们具有比城市更有利的环境资源和更便捷的区位交通，避免了外界的过度干扰，也有良好的交通可达性。若是在偏远的城镇和村庄，在没有城市交通的支持下，很容易造成发展动力不足。特色小镇建设基于“小而精”的特征，其规划面积一般控制在 3 平方千米左右，建筑面积不超过规划面积的一半，以实现差异化的发展路径。

（二）自然环境优美

特色小镇的建设通常依赖于自然生态资源得到相对良好保护的地区。该地区独特的自然资源也突出了特色小镇的特征。不同的地形和不同的气候将孕育不同的历史、不同的人文特征和不同的城镇形式。大自然的鬼斧神工不同于人造环境，其独特性自古以来就一直受到人们的青睐。基于此，在特色小镇建设中要注重保护当地自然资源，避免破坏，将自然资源与文化资源、生产生活空间结合起来，形成一个独特的整体。

（三）人文环境和谐且宜居

特色小镇的建设与发展是社会发展的需要，是经济发展的重要载体，是促进城镇化的新兴模式，是产业结构调整的重要途径，也是今后中国经济社会发展的重要战略。在发展特色产业的同时，特色小镇融合了经济、文化、旅游、教育等多个领域，聚集了众多的企业和人群。特色小镇的基本服务设施比较完善，能完美结合产业、城镇和住宅。按照产城一体的发展要求，通过质量的提高和服务水平的完善，构建和谐宜居的生活空间。一般来说，宜居是特色城镇建设的核心，“特色”是小镇发展的强大动力，而“绿色”是小镇发展的重要保证。小镇环境建设要极大地满足人们对生活、工作和娱乐环境的需求，并确保人与自然和谐相处。

二、特色小镇建设特征

由于全国经济发展不平衡，每个地区的特点也不同，特色小镇的建设不应“一刀切”，要根据实际情况区分开来。

（一）功能复合完善

特色小镇以其独特的发展和复杂的居民构成为特征，在功能结构上呈现出复杂多样的特点。特色小镇突破了行政区划的限制，不同于简单的产业园区或美丽的村庄，它是一个集生产功能，生活功能和旅游功能于一体的多功能复合型创新平台。因此，在小镇建设中，必须具备企业生产功能所需的办公和经营环境，居民生活功能所需的便利生活环境以及为旅游功能服务的休闲环境和生态环境。作为融合产业，文化，旅游和社区功能的平台，特色小镇通常需要多层次复合功能系统。为产业发展提供创业和创新的办公空间，为员工提供舒适的生活环境，从而达到贸易与商业一体化，居住与工业和谐共存，文化旅游与生态环境相融合的构建目标。

（二）以文化传承为根基

特色小镇通常是在具有一定历史和文化沉淀的地区建立的，这通常与当地产业的发展有关或源于当地产业的发展特征。因此，小镇的建设应有效保护当地的历史文化资源，努力维护当地原始生态和独特的民俗风情，增强企业和居民的文化认同，通过文化来融合生产和生活，创建与其他城镇不一样的、独一无二的特色小镇。即特色小镇具有与地区和产业相匹配的文化特征，同时，也非常重视文化建设。通过对区域文化的挖掘、保护、传承、利用、更新和完善形成了适合城镇发展的文化因素，形成了自己的文化标签和空间形式，增强了小镇居民和企业的文化认同感。

（三）关注居民身份认同，注重人本性建设

特色小镇的构成不同于普通的小城镇，它的居民组成更加复杂。特色小镇的主体是产业，加之创新创业的因素影响，建立了大量的创新型企业和创业项目，带来了大量的创业者、企业家和技术型人员。同时，特色小镇还要满足游客的需求。因此，作为现代居民生活和工作的住所，特色小镇应具有较高的自治管理水平和相应的生活服务质量，其公共管理应遵循社区意愿，采取开放发展的理念。

三、特色小镇的结构特点

国外特色小镇的开发区几乎全部在中心城市周围进行，是城市提供的各种协同作用发展的结果。例如，格林尼治小镇只需要 35 分钟的火车路程就能到纽约，德国赫尔佐根赫若拉赫小镇距离纽伦堡只有 23 千米，法国的维特雷小镇只要半小时的路程就能到雷恩，距离巴黎也只需要 2 小时的路程。

（一）特色小镇空间结构的协同性

目前，我国特色小镇已初步形成了以华东地区为主导，西南次之，华中、华南、东北、西北地区平均发展的格局。华东地区的特色小镇以浙江省为核心，处于领先地位。由于经济发达，特色小镇的类型相对平衡，无论是旅游产业，新兴产业还是历史产业均有涉及。中西部地区历史文化资源和自然资源相对丰富。特色小镇的类型主要是旅游业。但是，总体而言，这些地区都有其独特的资源、环境和区位优势以及更大的市场发展潜力空间，这也是发展特色小镇的物质和精神方面的必要条件。

（二）特色小镇产业结构的特征

特色小镇的产业结构以水平结构和垂直结构形成混合网络型为特征，水平结

构反映在特色小镇的横向产业链中，即同类企业的聚集规模和小镇所涵盖的产业范围的扩大。旅游特色小镇一般形成餐饮、住宿、娱乐和消费的综合发展。垂直结构反映在特色城镇的垂直产业链中，即产业的上、中、下游的协调发展，如制造业的特色小镇的产业结构和原料供给与上下游加工的发展密不可分。总体而言，由于特色小镇的水平和垂直产业链表现为基于前后相关联企业而逐步建立的复杂联系，可称为混合网状综合型结构。

（三）特色小镇建设主体结构的多样化

特色小镇发展的主体具有权变性。由于政府的规划方案、规划政策、环境创造、平台建设等调整，发展主体也会随之调整。从结构的角度来看，特色小镇发展的主体是在社会和制度关系的背景下相互作用的，特色小镇发展主体的行动具有特定的背景；从动态的角度来看，由于过去的经济决策和行动决定了特色小镇主体的发展，因此发展主体会有路径依赖性。现有的特色小镇的发展主体的核心是企业，核心企业带动了上下游产业的联动，企业运作和政府规划成为特色小镇的路径依赖。

在新时代，中国特色小镇的主体有了更多的文化元素，而且融合程度也日益增强。文化元素的深度融合促进了特色小镇主体多样性的发展。例如，创意农业的融合产生了许多农产品、农业手工艺品、农业饰品、农业旅游等，不仅使公众能够享受更高质量的文化产品和服务，同时也增强了小镇的文化内涵。还有一些特色小镇发展了新的旅游业，创造了新的经济增长点，从挖掘小镇旅游资源特色入手，一方面充分保护，利用当地文化资源，为旅游产品增加深厚的文化元素。另一方面可以吸引更多的人感受到特色小镇的快速发展，使小镇旅游业发展更具特色。

（四）功能结构的整合性

特色小镇的独特之处在于它融合了许多因素，如产业、历史和环境等，而不是单独存在的。首先，可以依靠文化特色，吸引资源，技术和人才落户特色小镇，同时使特色小镇在特色产业、特色区域、特色资源、特色生态和特色文化方面更加突出“特”。其中，特色产业是最重要的，特色小镇主要靠特色产业来吸引各种资源聚集。特色小镇的小的主要亮点是在空间限制上。在正常情况下，国家规划政策规定小镇的规划面积为 10 000～30 000 平方千米，同样，人口约为 10 000～30 000。在有限的区域内创建城市融合的无限高度，并反映该地区独特的文化特色，这是特色小镇的本质。从其他方面来说，它实际上是旅游景点、消费集聚区、新型城镇化发展区的融合。

四、特色小镇与乡村振兴的互动性

近年来，在国家的支持和鼓励下，特色小镇快速发展。根据住房和城乡建设部发布的数据，截至 2018 年 2 月，全国有 403 个试点城市，加上地方创建的省级特色小镇，总数超过 2000 个。①

（一）产城融合示范功能日益完善

从我国特色小镇分布数量来看，华东地区最多，为 117 个，其中浙江省有 23 个，是最多的。浙江省自 2014 年以来，开始全面建设特色小镇，取得了瞩目的成就。其次是中南部地区，共 88 个。② 总体看，这些小镇多是由政府和企业合作开发的特色小镇，有独特的发展空间平台，遵循创新、协调、绿色、开放和共享发展的理念，依靠一定的特色产业和特色环境因素，充分挖掘历史文化内涵，功能和产业定位清晰。这些小镇是生态、生活和生产的综合体，也是中国城镇产业转型升级的标杆和新引擎。在发展过程中，可以解决农民的就业问题，也可以促进农村发展，缩小城乡差距，促进农村现代化。

（二）传统产业与现代特色产业互动发展

特色小镇的发展植根于原有的特色产业，将传统的产业和经典的行业历史融合在一起。每个城镇围绕一个行业构建完整的产业生态系统，培育具有行业竞争力的特色小镇。在现代特色产业的支持下，传统产业不断进行转型升级，以实现产业的新生命力。新兴产业是主导产业，建立了具有大数据、云计算、物联网、区块链等产业特色的现代产业体系，形成了完整的产业链和系统的产业生态，带

① 岳弘彬、王倩．“店小二”式协会受欢迎 [N]. 人民日报，2019-05-17.

② 赵磊、关克宇．中国特色小镇发展现状分析 [EB/OL].（2015-11-13）[2022-09-13].http：//hsxfw.cn/dsfa/teas/cms/template/listTemplateContent？ cmsId=0ecc20807fa84a1f89fc4886cef48d57&code=tsxz-llyj.

动了特色小镇的发展。即特色小镇的产业，需要依托较高的附加值，通过构建现代产业体系，集中体现小镇的特色优势。

（三）功能复合性，兼具旅游功能

特色小镇不是产业、文化、旅游和社区功能的总和，而是以产业为基础，培育独特的特色文化，然后衍生出旅游功能，再加上相应的社区配套设施，形成一个集产业、文化、旅游和社区于一体的有机复合体。许多特色小镇不但是空间发展平台，还是特色旅游区。例如，浙江大多数特色小镇的规划和建设均以 3A 级旅游景点为标准。有些具有独特旅游资源的特色小镇，规划标准更高，要求达到 5A 级别。特色小镇的旅游功能，不仅可以促进第一产业、第二产业和第三产业的深度融合，还可以增强其承载能力、综合服务能力和竞争力，不仅有助于形成特色旅游，还可以改善特色小镇的基础设施，使城镇的建设更加稳定和持久。

五、新型城镇化建设特色日益清晰

特色小镇的宜居、宜业、宜游，可以使居民、员工和游客充分享受“诗与远方”的生活环境，提高人们对环境的认同。一方面，环境满足了人们的多样化需求，如休息、运动、休闲、娱乐等。另一方面，人们深受环境的影响，如当地的文化内涵和历史发展，通过环境设计使人们感同身受。特色小镇建设表现为政府引导，社会资本投入，鼓励第三方部门参与共同治理的创新发展形式，同时推动当地居民的积极参与，促进特色小镇和谐发展。

（一）特色小镇产居融合趋势明显

未来的特色小镇是当地居民的生产和生活融为一体的区域。城镇居民是当地生产和生活的主人。特色小镇不仅是工作的地方，还是生活的地方。特色小镇特别强调“特”。一个小镇如果没有自己的特色，则绝对不会成为特色小镇。挖掘和发扬特色将成为特色小镇未来发展的趋势。小镇的特色将成为一张名片、一种标志，是人们向往的远方。

（二）特色小镇与其他大中小城市互为补充

特色小镇既不是大城市的缩小版本，也不是传统小镇的放大版本。它是农村人口转移和疏解大城市人口的理想场所，是新型城镇化必不可少的部分。特色小镇和大城市相辅相成且各有优势，满足了不同人群的居住和生活需求。

（三）特色小镇生态特征显现

特色小镇是在绿色发展理念的指导下提出的，符合当前的环境保护和生态优先发展方向。特色小镇的发展必须坚持生态优先和绿色发展之路。尽管被称为“小镇”，但它终将成为一座富有诗意的现代小城市。

（四）特色小镇成为创新创业的平台

大城市的创业成本相对较高，产业也更加复杂。而特色小镇则是专注于某种产业，形成了一定的规模经济和范围经济效应，成本相对较低，因此成为富有创新精神的年轻创业家的理想发展方向。特色小镇反映了开放共享的概念，未来的特色小镇必须是开放场所。

第三节　特色小镇发展现存主要问题与反思

特色小镇作为国内城镇发展新生事物，作为中国从快速城镇化向深度城镇化转型的示范区，还处于初创期，不论是建设路径，还是规划内容，抑或是政策设计等方面的理论与实践均不成熟。小镇建设暴露出一系列问题。从规模上看，特色小镇要求小而美、特而强，然而在实践中，存在规划缺乏科学性导致特色元素不突出、项目相对疏散导致功能叠加不足，以及环境与社区特色、文化特色不明显；在管理上，体现在行政干预过当导致运营主体错位、设施与服务、管理体制等方面均存在着何谓特色化的理论课题；在产业发展上，体现在创新集聚转化困难，导致产业层次不高、要素保障制约导致创建进度差异较大等。因此，面对特色小镇的实践挑战，探究其构建的独特内在机理，创新其构建要素、结构与系统，以问题为导向提高特色小镇创建的成功率是十分必要的。

一、建设内涵要清晰，产业设计要有特色

要正确认识特色小镇的内涵，明确特色小镇与特色产业小镇的区别，及时发现和引导特色小镇的发展。要建设鲜明的产业特色，立足当地，发掘历史特色和

优势，搞好产业，突出“特而强”，做好宣传工作，吸引客户。特色的形成不是依赖政府的“指点江山”，也不是依靠官员的“眼光”，而是依赖于市场竞争。地区的自然环境、人文、法治、商业等大生态环境良好，并且有适合“特色”发展的“水土”，特色小镇才能发展起来。

二、坚持政府主导和市场主体相结合

政府领导非常重要，后续行动和支持也必不可少，逐步和可持续的发展应该成为城镇化发展的精髓。企业和企业家是这里的主体，市场机制应该在这里起主导作用。政府在技术规范上，通过引导和协商行为来把关。在一定市场规模的基础上，政府的指导和完善使小镇有了更健康的发展规划和更加完善的基础保证。同时，建议引入第三方评估机制，改变政府的补贴政策，改变激励机制，实现“以奖代补”的支持资金，并以公认的业绩说话，避免企业在项目中出现只拿补贴而不认真干活的现象。

政府主导和房地产介入成本偏高。根据市场的发展规律，产业集聚形成的重要原因是有些企业家中的先行者选择了某一空间，并通过自己的号召能力，聚集其他企业，开展相关产业链招商、公共配套等活动。市场规律决定了要素集聚的自发性，降低了生产成本。在产业发展上，政府过多的主导容易导致项目细碎化和核心产业不突出等现象，并增加特色小镇建设成本。另外，政府的过多主导，在导致特色小镇建设和管理成本偏高的同时，也会增加对企业的约束力和发展限制。政府应提供基础设施服务，让市场和企业可以运用更专业化的手段去建设和运营特色小镇。

三、重视完善配套设施建设

在这方面，可以借鉴国外的特色小镇的经验。美国的马斯卡廷小城曾经是“世界西瓜之都”，如今却聚集了惠普、微软、谷歌等许多世界 500 强的企业总部。马斯卡廷能形成高质量总部经济的优势在于其产业发展政策和配套设施。人口只有 23 000 人的小镇有 8 所小学、2 所初中、1 所高中、2 所设计大学，还有优质的医院，不高的住房价格，完善的公共交通系统和文化服务，这都是吸引公司总部的重要条件。只要设施完善，产业和人口就会聚集。特色小镇是人类居住的小镇，必须适合人们生活。随着城乡差距的缩小甚至消失，应不断升级和完善教育、医疗、交通和休闲等公共服务设施，使特色小镇成为吸引人们居住的宜居之地。

四、把改善民生作为落脚点

当前的特色小镇发展主要集中在信息经济和金融等热点产业，除此还可以关注音乐小镇、绘画小镇等，走多元化的发展道路。同时，我们可以学习瑞士达沃斯小镇和法国吉维尼小镇的发展经验，在保持鲜明的地域特色和地方文化的基础上，必须与产业发展相结合，发挥生态旅游功能，充分满足居民和游客的需求。特色小镇建设不仅要体现现代化和生态化，还要体现人性化，真正实现造福大众的根本目的。

五、遵循城镇化发展规律

以产业引领、“三生”融合“产城人文”的理念内涵引领未来发展，打造创新创业平台；以重视高端产业，业务创新，生态发展的建设路径引领优质发展；以新的政策制度激励加快小镇发展，注重政策的有效性和针对性；以新的运行机制促进动态发展，坚持政策指导、企业主体、市场化运作，使建设主体和资金来源多样化；以问题为导向的模式持续发展，突出质量，加强创新。面对特色小镇实施中的各种偏差，各级政府必须结合自身情况，把握未来发展趋势，及时纠偏，使特色小镇回归正确的发展道路。

六、突出文化特色

文化是特色小镇的精神核心，也是必不可少的元素。在建设特色小镇的过程中，有必要深入挖掘当地文化遗产，促进文化和小镇的融合。对此，浙江良渚梦栖特色小镇起到示范作用。一是充分挖掘和利用当地文化名人的资源。梦栖小镇的名称源自北宋科学家沈括在《梦溪笔谈》写的“梦溪”一词。梦栖寓意着梦想在这里栖息，既梦想在这里成真。二是深入探索了当地历史文化内涵。梦栖小镇所在地具有浓郁的良渚文化底蕴。开发者深入探索文化的特征，使文化和产业紧密结合，不仅突出了当地的文化特色，而且产生了良好的经济效益。

七、发挥主观能动性，构建特色小镇科技支撑服务体系

特色小镇的建设主要还是要依靠当地居民的参与。政府的资金和社会资本投资只是外部力量，起到引导和促进作用。居民长期居住在特色小镇，是小镇建设发展的主体。小镇居民对小镇建设有了认可和参与，才能更好地促进特色小镇的发展。特色小镇不是传统小镇的延续，而是一个现代化的新城镇，它的发展离不开包括人才、信息、技术等要素在内的现代技术服务体系。在加快特色小镇发展的过程中，传统的自有资本积累不足以支撑小镇的发展，容易错失发展机会，因此，应积极鼓励各种社会资本投资特色城镇建设。

八、特色小镇发展的制度创新

特色小镇虽然“非镇非区”，但在发展过程中与城镇化、工业园区、经济开发区有许多相似之处。毗邻城市、产业集聚、居住生活……那么，特色小镇建设如何区别于以往的工业园区、经济开发区，不走“新瓶装旧酒”的老路呢?

（一）特色小镇的发展需要依靠创新

特色小镇要快速、健康地发展，就必须坚持以改革创新为动力，不仅要把特色小镇作为产业转型升级、拉动经济增长、促进新型城镇化建设、提高人们生活水平的载体和平台，而且要把特色小镇作为全国深化改革的示范和引领。特色小镇的魅力和生命力就在于持续的创新。要发展信息产业特色小镇，需要政府改变观念，出台创新政策，从多方面支持和培育信息产业的发展。此外，年轻的创业群体有梦想、有激情、有知识和有创意，却存在无资本、无经验、无市场和无支撑的情况，特色小镇就是要帮助这个创业群体解决“四无”难题。

（二）特色小镇建设需要创新

如上所述，要搞好特色小镇的建设，关键是要解决好三个方面的问题，即“钱”“人”“地”。就“地”而言，以江苏省建设特色小镇为例，人多地少，土地资源稀缺和开发强度高是江苏土地利用的基本省情。江苏省特色小镇建设严格按照节约集约用地的要求，充分运用同一乡镇范围内村庄建设用地布局调整、城乡建设用地增减挂钩、工矿废弃地复垦利用、城镇低效用地再开发、人地挂钩等政

策工具，着力盘活存量用地，严控开发强度和新增用地。为加强特色小镇的规划建设管理，江苏省创新土地利用规划工具，根据2015年江苏省政府出台的《江苏省土地利用总体规划管理办法》规定，以特色小镇为主体，编制功能片区土地利用（总体）规划；围绕特色功能，基于资源环境承载力、多规协调，按照“空间整合、指标管控、集约集聚、功能凸显”的原则，合理界定人口、用地规模，严格划定小镇边界，处理好小镇国土空间利用与人口分布、生产力布局、资源环境保护的关系。

第四章　特色小镇创建规划的科学路径

本书第四章为特色小镇创建规划的科学路径，依次介绍了特色小镇规划的关键因素、特色小镇建设基本原则、特色小镇的类型与特点、文化场域下的特色小镇发展四个方面的内容。

第一节　特色小镇规划的关键因素

一、以“特色”发展为本

从特色小镇的吸引力、竞争力和持续性这几个方面来说，“特色”是特色小镇的生命力所在，特色小镇的精髓就在于“特色”二字。特色小镇建设必须紧抓“特色”二字，以“特色”为本，带动人文、旅游、社区功能的完善，驱动生产、生活、生态的共融。具体来说，要立足乡土并结合小镇所处地方经济社会和产业发展实际，发现特色、找准特色、挖掘特色和培育壮大特色。进一步而言，“特色”就是本乡本土独有的题材与内容，比如土特产品、风土人情、人文历史、地理条件、自然环境、旅游资源、独特经济等，这些都是属于地方的原汁原味的“宝藏”，地方政府应通过挖掘和培育，将之发展壮大为大产业、大事业，最后带动地方经济社会发展，带来巨大的物质和精神财富。

我们要清楚，特色小镇的独特之处、吸引人的核心就是其“特色”，这个“特色”要有两个维度：第一维度为特色的“广度”，这个很好理解，也就是这个小镇有几个新颖的特色。第二维度是特色的“深度”，一个重要行业产业或空间所表现出来的特征和特色，在区域内有无“唯一性”，甚至在省内范围、整个国家或整个世界是否具有“唯一性”。从这一角度来看，一个地方有什么独特性，就是这个地方在国内甚至国际上具有怎样独特且强大的吸引力，也就是我们常说的

"核心竞争力"。如果一个小镇的特色在全球都具有唯一性，那么这个小镇的发展必然会很容易走向成功。

（一）"一镇一品"和"一镇一风格"

特色小镇建设应防止一哄而上，切忌千篇一律。如果各个小镇的产业、功能、布局都差不多，没有形成差异化，那么就构不成特点，形成不了核心竞争力，当然也无法具有持久的活力。此前，全国各地一些一窝蜂建起来的主题公园由于千篇一律、一味模仿复制，缺乏新意、缺少活力，时间一长就无法维持消费者的热情了，大多数都处于勉强维持甚至亏损状态。可以说，主题公园在中国遍地开花但亏多盈少，这无疑为当下和未来中国要重点推广的特色小镇敲响了警钟。因此，在特色小镇建设方面，重点要突出特色打造，彰显产业特色、人文特色、旅游特色、环境特色、建筑特色和生态特色，从而形成"一镇一品"和"一镇一风格"。以浙江省为例，浙江省的首批特色小镇普遍涉足战略新兴产业和历史经典产业，具体为信息经济产业 5 个、健康产业 2 个、时尚产业 5 个、旅游产业 8 个、金融产业 4 个、高端装备制造产业 6 个、历史经典产业 7 个。

（二）特色小镇发展要体现差异化

发展特色小镇的过程一定要体现差异化，即每一个特色小镇都要根据自身的产业、经济、人文、环境等因素因地制宜地找准产业定位、选择特色产业和发展模式。要发展特色小镇，一定要结合中国经济社会发展情况，尤其是具体的地方社会经济状况、产业特色发展程度进行详细论证。中国东西部地区存在发展程度的差异和特色产业的不同，这也是中国特色小镇率先在东部的浙江省发展起来的重要原因之一。

1. 找准特色定位

缺乏特色的定位对特色小镇而言是硬伤，时间越久，失败的风险越大。用一句话概括就是，"热潮退去后最终将会变成一座空城"。因此，各地在特色小镇建设上一定要定位明确，每一个小镇都要深入挖掘自己最有基础、最具优势和最富特色的产业。要想把特色小镇的"特色"做精做强，就需要相关部门开阔视野，在特色领域甚至细分领域找准差异定位，大力发展特色产业，通过差异化竞争和错位竞争开拓新的方向。

2. 选择特色产业

以浙江省为例，梦想小镇和云栖小镇分别代表两种不同的发展模式：前者着重于“创业”，采取政府推进模式，通过建设众创空间、O2O 服务体系等为有创业梦想的年轻人搭建创富平台；后者则采取政府主导和名企运作模式，重在发展成熟企业，引领产业发展壮大。

3. 选择发展模式

以江苏省为例，江苏省发展改革委强调特色小镇建设，首先，要坚决走差异化道路，要突出“特色”这一重点；其次，要有高品质的追求；再次，要有特色型产业；最后，要有新技术助力。江苏在发展特色小镇时广泛运用了新技术（如大数据、移动互联网和云计算等），达到了提高经营管理水平、推动小镇持久经营的目的。

（三）抓住特色小镇的“特色”

对于“特色”，权威专家认为，应该是从这块地方上长出来的，而不是具有小资情调的投资者、设计师或者是政府的官员通过政策恩赐的、赋予的、叠加的。按照《关于开展特色小镇培育工作的通知》精神，要培育具有鲜明特色的产业形态，对产业定位一定要准确，还要具备自己的特色，战略新兴产业、传统产业、现代农业等得到了很好的发展，具有相当不错的发展前景。产业的发展方向是特色化、精致化、强发展，新兴产业的增长速度十分迅猛，传统产业改造升级成效显著，充分运用“互联网 +”等新手段，促进产业链延伸到研发和营销。

打造特色小镇必须具备一定的客观条件。严格来说，特色小镇一定要立足小镇自身资源和环境禀赋，充分发挥区位、人文、环境和产业优势。从历史文化特色来看，文化历史是小镇的灵魂。中国农村和小城镇历史文化悠久，无论是经济发达的东部，还是经济欠发达的中西部，许多农村地区都拥有灿烂的历史文化。这些小镇大都传承了优秀的文化，保留了优美的环境，体现出明显的地域特色。因此，当地应该在人文和环境方面大做文章，将之转变为发展的竞争优势。

关于“特色”二字该如何具体体现，有学者认为，“特”字体现在特色产业、特色人文和特色景观上。从产业上来讲，主体企业、主体产业或主体产品起码应占 40%～50% 或以上份额；从人文或景观上讲，要有体现当地历史文化的建筑、活动场景等。

二、以“产业”的建设为发展动力

产业是特色小镇的灵魂和生命力所在。2015 年，浙江省 37 个省级特色小镇创建对象完成特色产业投资近 290 亿元，占投资总额的 60%；特色产业工业企业主营业务收入近 240 亿元，占特色小镇工业企业主营业务收入的 68%；服务业营业收入超过 400 亿元，占特色小镇企业服务业营业收入的 66%。[①] 特色小镇是我国新型城镇化发展战略的重要组成部分，也是推动城乡一体化进程中一个具有创新意义的探索与尝试。打造特色小镇必须准确领会中央、国务院指示精神，不能单纯为了响应政策而一哄而上，只为突出“特色”而“特色”，这是本末倒置的。特色小镇要在国家政策指导下，以当地优势产业为基础，通过整合资源、发挥比较优势来发展。特色小镇要把当地特色产业搞上去，依靠特色产业，帮助大城市中的居民解决就业问题。特色小镇应以发展旅游业为主要内容，通过集聚资源、创新服务、优化环境等途径来提升区域经济实力，促进地区经济社会全面协调可持续发展。

（一）产业支撑

1. 特色小镇建成后需要提升造血功能

特色小镇不是应景的项目，也不是地方政府的面子工程。严格来说，地方政府和社会资本斥巨资打造的特色小镇必须保持长久的活力和生命力，才能实现政府建设特色小镇的初衷，达到社会资本的投资回报。因此，对特色小镇而言，要地方政府长期无限地给予补贴并不现实，要社会资本大量投资却长期亏损更不可能。小镇在建成后提升造血功能，为此就需要把特色产业摆在最突出的位置。产业是持续造血的根本，如果没有产业，特色小镇就只会成为徒有其表的空城。

2. 特色小镇需要扎实的产业基础

产业基础是打造特色小镇的前提。研究发现，在特色小镇建设领域成效明显的浙江省、江苏省、上海市乃至整个长三角地区，产业基础是特色小镇建设最明

① 前瞻产业研究院．浙江省第一批特色小镇产业类型及占比解析 [EB/OL].（2017-10-17）[2022-6-10].https://f.qianzhan.com/tesexiaozhen/detail/171017-bea70a18.html.

显的动力。如浙江省块状经济突出，产业基础扎实，某一种特色产业遍布一个镇甚至跨越几个镇，形成了在某一行业领域的领军者和“单打冠军”。浙江省产生了一些在全国乃至世界都知名的特色小镇，这些小镇均以产业命名，如青瓷小镇、黄酒小镇、袜艺小镇、画艺小镇、红木小镇和赏石小镇等，仅从小镇的名字就能清楚地知道相关特色产业在小镇发展过程中的作用和地位。

3. 形成产业项目与产业集群

在对特色小镇进行战略规划后，最重要的是要有落地的特色产业以及与特色产业相关的具体项目。可以说，具体项目是支撑特色小镇建设发展的核心细胞。如果把特色小镇建设比喻成一个“面”，特色小镇中的一个个项目（包括基础设施建设项目）是一个个“点”，那么，产业无疑是这个“面”上串起一个个“点”的一根根“线”。串点成线、点线结合、线面结合是最理想的格局。

此外，好的特色小镇应有产业集群，即企业相互之间高度细密的分工与合作关系，这种模式造成了集群，集群反过来又会造就小镇的自组织特性。具体来说，在发展壮大主导产业和支柱产业的过程中，要在财政、税收、金融、用地政策等方面支持龙头企业，发挥其引领和带动作用，从而推动和形成产业集群，在节约交易成本和抱团发展的同时，形成产业规模效应。

4. 提高产业集聚度与产业链完整度

众所周知，特色小镇建设涵盖的内容丰富多元，最核心的就是特色产业。具体来说，就是围绕特色小镇的特色产业，通过工商（工业和商业）互补，文旅（文化和旅游）互助，从制造业、金融业延伸到休闲娱乐、住宿餐饮、文化旅游、体育健身、养老医疗等各个行业，以提高特色小镇的产业集聚度、产业链完整度和融合发展的综合实力。

概括而言，特色产业是特色小镇建设的“发动机”，是特色小镇持续运营的“助推器”。

（二）产业规划

国家重点推广特色小镇，与当下中国经济转型和产业转型升级的大背景息息相关。对于国家而言，特色小镇建设的核心要点是实现产业转型升级，且应与目前国内正在大力发展的绿色经济、低碳经济、循环经济相适应。

科学的产业规划是特色小镇发展的前提和保障。因此，在产业规划方面，特色小镇一定要基于小镇所在地的资源基础、产业基础、经济状况以及人员规模、劳动力结构、人口素质等各个方面的因素改造、提升已有的产业，同时积极培育新产业。

1. 招商："横向厚度"与"纵向长度"

无论是发展数十年、上百年甚至上千年的历史经典产业（如瓷器、布艺、画艺、具有浓郁地方特色的饮食等），还是战略性新兴产业（互联网、新能源、智能产品等），都需要引进外来优质企业，引来"活水"。一方面，需要打破因循守旧、不思进取的怪圈，传统经典产业更应如此。所谓"流水不腐，户枢不蠹"，只有竞争才能促进发展，才能不断创造新的具有竞争力的产品，实现产业转型升级。另一方面，引进新的产业，可以完善特色小镇的产业链条，促进分工合作，提高小镇生产效率，形成一个具有核心竞争力的"拳头"，从而更好地滋养地方经济。

具体来说，要从"横向厚度与纵向长度"两个方面做文章。

第一，要打造特色产业的厚度，引进的产业需要与当地产业"横向聚集"，必须是与当地产业同一类型或者高度相关联的企业和产品，不能搞"拉郎配"，更不能有"捡到篮子里都是菜"的想法。否则，引进的企业和产品与特色小镇的产业关联性不够或者根本无关，不仅不会增加小镇特色产业的厚度，而且很可能起到负面作用，削减产业的核心竞争力，导致小镇最后没有被打造成"精品店"，而是成了"杂货铺"。

第二，要拉伸产业的长度，即纵向延伸强化产业链条，提升产业的附加值。随着社会经济的快速发展，产业的总体趋势分工越来越细，专业化程度越来越高。

由于特色小镇一般都有扎实的产业基础，具有较强的竞争力和较高的知名度。因此，在引进产业方面，应重点围绕已有特色产业延伸产业链条，既可以向上游的基础环节和技术研发环节延伸，又可以向下游的市场拓展环节延伸，这有利于整合当地企业资源和降低企业生产经营成本，最终增强小镇特色产业的核心竞争力。以旅游特色小镇为例，可以通过引进与旅游相关的产业，打造"旅游+"的产业集群，从而发展旅游产业，丰富旅游业态，形成二次消费，拉动地方经济增长。

2. 特色小镇未来的重要领域

研究发现，未来特色小镇培育的重要领域如下：

一是旅游业。中国有上下五千年的文明史，拥有丰富的自然和人文历史资源宝藏。

二是现代制造业。现代制造业是现代科学技术与制造业相结合的产物。经过几十年的改革开放，中国大力发展制造业，尤其是在珠三角和长三角等经济发达地区，制造业已经有了雄厚的技术积淀和资本积累。而现代制造业实质是制造业结构的升级优化，其重点强调知识技术含量、现代管理理念等核心元素，具有附加值大、利润率高、核心竞争力强等特点。

三是高新技术。如大数据、云计算、移动互联网等。如果地方政府能够抓住高新技术发展的契机，必将在特色小镇的竞争中占有突出的优势。

四是商贸物流。随着中国乡村消费升级和电商在乡村不断深入，电子商务、消费型商贸和物流有机结合的地方可以发展成为独具特色的小镇。以淘宝村为例，浙江、广东、江苏、山东等地农村出现了一批专业的淘宝村。截至 2017 年，全国有淘宝村超过 2100 个，淘宝镇超过 240 个，淘宝村数量最多的三个省是浙江、广东和江苏，合计占比超过 68%，山东、福建、河北的淘宝村数量也超过 100 个，中西部淘宝村共 68 个，其中河南省淘宝村数量位居中西部之首，并且实现了淘宝镇"零突破"。[①] 山东省淘宝村数量位居全国第四，菏泽市淘宝村数量在全国城市中位列第一，曹县是山东省最大的淘宝村集群。其中，曹县的大集镇 32 个行政村都成了淘宝村，孕育出全国最大的儿童演出服产业集群。

五是"双创"。拥有科技创新和现代服务业优势的地区将在特色小镇的发展上率先发力。此外，现代教育业（包括作为公共服务存在的教育事业和作为商业化形式发展的教育产业）、大健康产业（包括现代医疗医药、生物工程、养生养护养老等）、现代农业（包括绿色休闲农业、旅游观光农业等）等行业符合中国国情，是未来的发展趋势，必将得到政府的大力支持，也必将在特色小镇发展中脱颖而出。

总的来说，特色小镇建设的核心是产业融合、产业延伸、产业转型升级，这

① 央广网.2017 年全国淘宝村数量突破 2100 个淘宝镇达 242 个.[EB/OL].（2017-12-10）[2022-11-11].https://baijiahao.baidu.com/s?id=1586349829064002668&wfr=spider&for=pc.

些产业的发展引发了小镇产业集聚在这里，也吸引了大量的人口集聚，最终产生消费。特色小镇的环境优美，配套设施齐全，不管是生活还是创业都有舒适有利的环境，集自然环境与制度环境两方面的优美环境，技术类企业和金融类企业的优质企业，工程技术类、经营管理类、金融财务类等优秀人才和其他各种元素相结合，形成经济社会快速发展的良好发展区域。

三、关键要素“资金”“人”“地”

特色小镇建设首先是要解决好三个方面的问题：一是“资金”的问题，二是“人”的问题，三是“地”的问题。

（一）“资金”的问题

兵马未动，粮草先行。特色小镇建设首先就要解决“资金”的问题，即谁来投钱，谁来建设。坚持特色小镇建设“政府引导，企业主体，市场化运作”的理念，要充分调动各类社会资本的积极性。

（二）“人”的问题

“人”的问题主要包括两个方面：一个与当地居民相关的问题，另一个是引进外来优秀人才问题。

1. 当地居民的安排

特色小镇是集产业、人文、旅游和社区四位一体，小镇的发展必将涉及当地旅游资源、土地等，而这些都与当地居民密切相关，许多资源甚至为居民集体所有。要发展特色小镇，一定要充分考虑居民的切身利益，解决好居民的就业（将来多数要从第一产业向第二产业和第三产业转移）问题。否则，特色小镇的建设和运营会困难重重，遇到的阻碍将难以想象。特色小镇的投资者需要重点把握的是，特色小镇不是房地产小镇，将来的人口以当地居民为主体，需要处理好政府、社会资本和农村集体多元主体间的关系。基于这一点，投资者在统筹考虑问题时会少走弯路。

2. 人才的引、留、用

特色小镇要发展离不开人才，应该以“人才强镇”为发展理念，突出引才、用才、留才，为特色小镇建设提供人才支撑和智力保障。

特色小镇并非简单的村镇改造，而是新常态下转变经济发展方式的一种新探索，同时也是推进新型城镇化战略的一种新实践，是一项集产业升级、环境美化于一体的系统工程，其目标是宜居、宜游、宜业，这就要求小镇拥有一个高素质的建设和运营团队，而这个团队也是未来小镇居民的一部分。因此，需要吸引城市的各类优秀人才到特色小镇投资、创业、定居。这样，特色小镇才有持续发展的动力和活力。

在特色小镇的发展过程中，地方政府需要培训、引进专业的人才队伍。2017年1月，国家发展改革委联合国家开发银行出台了《关于开发性金融支持特色小（城）镇建设促进脱贫攻坚的意见》（发改规划〔2017〕102号），指出应加强贫困地区特色小（城）镇发展的智力扶持，国家开发银行扶贫金融专员应以特色小（城）镇为抓手开展金融服务，协助派出驻地（市、州）和对口贫困县地区特色小（城）镇开展引智，引商，引资工作，重点解决缺人才、缺技术的问题，解决经费缺乏的主要问题。以“开发性金融支持脱贫攻坚地方干部培训班”为平台，对贫困地区的干部开展特色小（城）镇专题培训，有助于其对政策内涵的正确掌握，加强利用开发性金融手段，促进特色小（城）镇发展、推动脱贫攻坚能力。①

营造优美的环境是特色小镇吸引人才的基础条件。以浙江省为例，除了扎实的产业基础、完善的基础设施、雄厚的民间资本和浓厚的商业气氛之外，浙江省还有一点值得称道却易被外界忽视的地方，即非常重视营造优美的环境。浙江省特色小镇无论是人文环境还是自然环境均属一流，有的小镇所属的地方是全国乃至世界著名的旅游胜地，如乌镇、西湖等。浙江省重点打造“景区＋小镇”模式，以优美环境吸引人才，以人才聚集带动各要素聚集。

小镇吸引人才，人才托起小镇。截至2016年底，浙江省各地的78个特色小镇累计进驻创业团队5473个，国家级高新技术企业291家；聚集了创业人才12 585人；吸引国家级、省级“千人计划”人才239人，国家和省级大师205人。以萧山信息港小镇为例，2016年就聚集了来自广东、安徽、河南等全国各地的创业团队400多个，大学生创业者、大企业高管及其他继续创业者、科技人员创业

① 发展和改革委员会网站.关于开发性金融支持特色小（城）镇建设促进脱贫攻坚的意见[EB/OL].（2017-02-08）[2022-08-22].http：//www.gov.cn/xinwen/2017-02/08/content_5166536.htm#1.

者、留学归国人员创业者等创业人才平均年龄仅为 26.4 岁。[①]

围绕特色产业引人才。特色小镇要拿出“特色”的政策吸引“特色”的人才，不断发挥特色小镇对人才引进的比较优势，努力把特色小镇打造成为人才创新创业的“幸福小镇”。比如到高校院所开展人才招聘专场活动，邀请他们到特色小镇实地调研，请他们为小镇的发展献计献策。特色小镇也可以与国内知名团队展开智力合作，以借智借力的发展模式，让顶尖人才在打造特色小镇的项目设计和运营等方面发挥积极的作用。特色小镇还应用各种方法手段吸引人才，加速人才向特色小镇汇集。在政策层面上，出台含金量很高的政策支持企业创新。在其他配套服务上，鼓励大学生毕业到特色小镇，特色小镇可以提供租房补贴、安家费等，创新型人才还能租住人才安居房。对于高层次人才来说，团队落户将有机会享受到上百万、千万元的专项资金支持。

围绕特色资源用人才。结合特色小镇的打造需求，充分发挥资源优势，以人才带项目、项目带人才，招商引资与招才引智深度融合，为特色小镇建设“助跑”。

围绕特色服务留人才。环境好则人才聚、事业兴，环境不好则人才散、事业衰。要想将特色小镇的建设内涵凸显出来，就要走小、美且精致的集约化开发理念，使现有资源得到最大限度的发挥。从世界范围来看，一个国家经济实力越强，对人才的需求就越大，人才集聚程度也相应越高，这是社会进步和产业转型升级所需要的。特色小镇可以在多大程度上为资源劣势的改善创造条件，形成人才集中的局面，产业发展良性循环，这些法阵的程度更是决定它能否成功。

对于这个阶段来说，虽然重视软硬件配套无可厚非，但是特色小镇在发展规划的时候其区位条件以及产业吸附能力等因素对吸引人才更为重要。因此，我们要把特色小镇的区位和产业建设作为推动新型城镇化进程中的重要抓手。按照以上的说法，在所有的特色小镇开发中，一线和二线重点城市在远郊或者附近建设的卫星小镇是最有发展潜力的。这些城镇对大城市购买力具有溢出效应，大部分也都有产业导入来作为经济发展的支撑，围绕着这些资源，并与已有产业要素基础相结合，特色小镇可在提供健康养老服务、文创旅游及其他主题方面挖掘发展潜力。

---

① 古建家园 .【浙江特色小镇】以小赢大谱写特色小镇大未来（下）.[EB/OL].（2017-10-13）[2022-11-13].https://www.gmw.cn/01gmrb/2001-11/13/12-4F047744A490388D48256B0300022C03.htm.

在特色小镇人才的引、留、用上，各地特色小镇的负责部门，一要强化认识，统筹谋划特色小镇人才工作；二要突出重点，精准推进特色小镇人才工作；三要形成合力，做实抓细特色小镇人才工作。

（三）“地”的问题

要建设特色小镇，需要使用大量的建设用地，并且这些建设用地必须具有集中性。但是，特色小镇一般分布在城郊以及距离中心城市较远的乡村，这些地区的土地大多比较分散，并且权属关系错综复杂，确权难度较大。特色小镇建设要有一定规模，而且一般要分功能区建设，在经营的时候要有集聚效应、连片规划，因此要求用地比较集中。根据这一要求，很多区域打造特色小镇都存在着用“地”难问题。因此，特色小镇的发展离不开对现有土地制度的创新和突破。按照特色小镇不同职能，在土地流转的过程中创新出让和征收的方式，实现对土地资源统一规划、整体开发与集约利用相结合。

第二节　特色小镇建设基本原则

住房和城乡建设部对特色小镇的建设工作提出四大原则：第一，坚持重点发展，有条件的开发，杜绝一哄而上的现象；第二，必须坚持特色发展，建设必须有特色，不能千镇一面；第三，应该坚持以市场为主的原则，始终坚持将产业发展为动力，防止“只见新镇不见人”的局面的出现；第四，不得以特色小镇为名，违反规定圈地开发。

简而言之，特色小镇建设的旅游资源要有优势，产业经济动力要强，必须按照各地绿色发展的要求，坚持可持续性创新发展，有序推进特色小镇的规划建设。下面就从这几个方面阐述一下特色小镇培育原则的内容：

一、旅游资源要有优势

旅游资源是发展旅游业的前提，是旅游业发展的基础条件，这就要求发展成为特色小镇的旅游资源一定要具备资源优势。旅游资源的优势吸引力集中在自然风景旅游资源和人文景观旅游资源两方面。自然风景旅游资源主要是以地貌气候、水文生物为主，包括高山、峡谷、森林、火山、江河、湖泊、海滩、温泉、野生动植物、气候等。人文景观旅游资源可归纳为人文景物、文化传统、民情风俗、体育娱乐四大类，主要包括历史文化古迹、古建筑、民族风情、饮食文化、风俗习惯、现代建设新成就、文化艺术和体育娱乐、购物等。

旅游业对国民经济的拉动作用，对社会就业的强大带动力，对文化的传承以及环境的保护优势日益显现，发展旅游业是特色小镇特色化的最佳路径之一。旅游在带动目的地消费，以及促进国内生产总值增长和就业增长的同时，还能够为当地带来了价值提升、文化品牌效应、环境生态效应、农民与居民收入高效提升、和谐社会建设健康发展等一系列良性的社会经济效应。

旅游文化特色资源是维系小镇旅游业发展的命脉。特色小镇旅游产业发展的重要依托是当地浓厚的人文历史背景和独一无二的人文景观，而当地居民文化意识的原生性、完整性是特色小镇文化的集中表现和重要价值。拥有优势旅游资源的特色小镇可以围绕其特有的自然风景资源或人文景观资源做文章，多层次、全方位地发展生态产业、休闲旅游、文化创意等领域，满足人们日益增长的需求，将资源优势转变为发展优势。

二、产业经济动力强

产业是特色小镇经济发展的根基，是小镇发展繁荣的前提。因此，培育特色小镇需要其具备一定的产业基础，在产业基础上重点发展主导产业，培育龙头企业；明确定位主导产业、着力往做精、做强的方向发展，形成具有一定市场占有率的产业优势。龙头企业应因地制宜，鼓励创新，保证龙头企业的龙头项目能在小镇扎根，做到本土化运营，保障其稳定发展。

要整合资源优势，带动区域产业集群发展；聚集人才，吸纳周边人口就业；延伸产业上下端，形成产业链；充分利用“互联网＋”等信息技术对传统产业进行改造升级，推动产业链向研发、营销延伸。基于产业培育的原则，着力打造特色小镇发展的核心竞争力，为当地经济发展带来良性的循环。

三、可持续性创新发展

特色小镇的活力源泉是持续性的创新。各个特色小镇的发展、建设要有新意，要因地制宜，切忌千篇一律。创新是当前推进特色小镇建设的新机遇，创新是现代产业发展的必要途径，创新是深刻理解科技变革和迎接产业改革的新挑战。特色小镇要在特色上下功夫，实际就是在创新上下功夫。

特色小镇可持续性创新发展主要有两个面向。一是面向区域特色经济的长远发展，加强产业体系的前沿技术研究，提高产业体系中技术的科技创新能力，加强产业创新成果向应用的转化，降低生产成本，实现丰产增收，促进产业创新发展与当地居民致富结合。二是面向市场需求，坚持政府引导，市场主导，制度体制创新的原则，本着供给侧改革的精神，把特色小镇建设成为新时期“大众创业、万众创新”政策制度的洼地，多方合力推动特色小镇走向经济新常态的“高地”。

第三节　特色小镇的类型与特点

一、常规分类与特征

传统的特色小镇是根据地域文化和区位优势来建设的，当然也会受到自然风貌和其他要素的影响。根据这些因素可以将特色小镇划分为历史文化型、城郊休闲型、新兴产业型、特色产业型、交通区位型、资源禀赋型、生态旅游型、高端制造型、金融创新型、时尚创意型等十大类型。

（一）历史文化型

文化小镇除了营造独特的文化体验感，更重要的是需要导入文化级现象 IP，并使文化形成相关产业。这几年随着国风的兴起，西安的“诗经里小镇”受到欢迎。小镇一期为文化创意产品展示交易和文化消费体验区，二期为文化创意产品设计研发区，三期为文化创意产品生产及企业孵化区。小镇将《诗经》所涉及的风物、民宿、音乐、人物都转化为现实的景观和建筑。这里有国风广场、鹿鸣食街、关雎广场、小雅书社，还有《关山月》《蒹葭苍苍》等礼乐表演。“诗经里小镇”正是文化现象加文化产业的成功典范。

1. 典型特征

小镇的历史有章可循，在规划和建造过程中可以保留并传承历史，同时尊重历史和传统。从人文环境来看，特色小镇以增强居民与企业归属感、幸福感为着力点，大力培育独有的文化，这些文化会形成小镇的特色部分。拥有独特的区域文化也就意味着小镇的文化底蕴有了基础。因此，要从人文角度出发来建设小镇，使其具有鲜明的地域人文特点。文化是一种无形资源，能够提升一个地区的软实力。在发展地区的过程中，地方不能单纯追求经济发展，拥有良好文化氛围同样重要，文化有利于小镇可持续发展。如果小镇具有突出的文化内涵，就可以进行深度地发掘，要知道这是具有十分广阔的市场前景的。可以看出来，近几年，“文化+产业”逐渐成了一种新趋势，也给特色小镇带来了更多机遇和挑战。文化是特色小镇建设的精神内核，是其不可缺少的因素。文化与特色小镇有着天然联系，二者相辅相成。在特色小镇的创建工作中，必须深挖地方文化底蕴，促进“文化+特色小镇”一体化建设。

2. 建设方案

建设特色小镇应具备 3 个条件：首先，小镇历史脉络清晰，有迹可循；其次，小镇文化内涵重点突出，各具特色；最后，小镇规划与建设应延续历史文脉，尊重历史和传统。例如，北京市密云区古北口镇、吕梁市汾阳市杏花村镇、朱家尖禅意小镇、茅台酿酒小镇、千年敦煌月牙小镇等。

（二）城郊休闲型

特色小镇要靠近城市，并且位于城市旅游圈内，路程要在 1 小时左右。这种类型的小镇本身并不是风景名胜，但通常具有良好的位置、交通或环境条件。它可以依靠周围的风景名胜区或旅游资源，形成休闲聚集区或者是旅游集散地。这是旅游接待建设的重点区域。这类特色小镇的规划建设要根据城市群体针对性开发，能满足城市居民休闲度假、慢生活体验等需求。

（三）新兴产业型

与传统城镇相比，特色小镇不仅是作为一种聚居和生活存在，而且还是一个集文化旅游资源、贸易、休闲和度假一体的宝贵地点。因此，特色产业小镇建设要依靠创新驱动引领产业转型升级，迈向中高端水平，实现提质增效、由大到强。

1. 特征

这类特色小镇地处经济发展程度较高的区域，人才、资金资源丰富；以鲜明的产业为支撑，侧重点在于产业特色、功能特色，包括高端制造、金融、科技、文创等产业特色小镇，一般能够结合自身资源优势，找准产业定位，挖掘产业特色，实行产城融合的发展模式。

2. 建设规划

特色小镇产业以智能等新兴产业为主，科技和互联网产业尤为突出。特色小镇的产业特征体现在：一是以工业 4.0 为导向，以战略性新兴产业和第三产业为重点，注重研发和设计。二是传统产业的转型升级，从加工制造向设计、品牌、展示转变，重点在于营销服务。这类特色小镇能够填平产业和农村、农村和城市、产业和城市新城的鸿沟，将产业和城市、农村有机融合在一起。

（四）特色产业型

经济发展离不开产业作为基础，特色小镇的发展更是如此。依托特色产业兴盛起来的小镇，一般都是依托于发达的产业，并且在发展的过程中不断加强自身的产业优势，通过增强服务功能，改善发展环境，深化改革等途径，将各类发展的要素集聚起来，优化资源配置，从而构建特色小镇核心竞争力发展。以发展特色产业为中心，这类特色小镇的开发包括制造与生产。这些产业开发还与服务型第三产业密切相关，与有关应用及教育与研究也有联系。

特色城镇的功能定位限制了许多产业的发展空间。因此，选择和培育适合的产业显得尤为重要。充满活力的行业可以吸引人气、客流、物流和资金流，同时能够促进就业并繁荣市场。特色小镇的发展必须结合农业、渔业、林业、商业、食品业等多种服务业的发展，综合规划，选择适合城镇发展方向的产业，逐步做大做强，发展成小镇有力的支撑。

1. 典型特征

产业的特征主要是新、奇和特。产业发展主要包括产业本身，如科技产业园，产业孵化园等；产业应用，如应用示范园区等；产业服务，如产业 + 贸易，产业 + 休闲娱乐等三大类。

2. 设计方案

特色小镇的规模不宜过大，应是小而美、小而精、小而特。农村土地肥沃，农业、林业和渔业资源丰富，特色小镇的创建要结合当地的优势，并致力于培育支柱产业或农业、林业或渔业，以形成自己的特色产业。对于不同区域、不同模式和不同功能的小镇，无论是硬件设施还是软件建设，都需要与其产业相匹配。做到一个小镇一种风格，不重复，不类似，以确保特色小镇的唯一性。

（五）交通区位型

交通基础设施建设作为带动区域发展及周边辐射的关键节点，是特色小镇发展和运营的先决条件之一，应综合利用交通可达性、道路网络密度和交通设施水平等级构建三个方面区域交通优势度的评价指标体系，产业、交通、空间协同发展，从而形成生产空间集约高效、生活空间宜居适度、生态空间山清水秀的人文特色小镇。

1. 典型特征

特色小镇一般选址于重要的交通枢纽或者中转地区，区位交通条件要便利，可以是靠近有外溢功能的社区，如秦皇岛的阿那亚靠近北京；可以是靠近市区百万级以上人口的城市，如嘉兴、保定；还可以是距离城区 40 分钟以内车程的住宅区，如绿城乌镇雅园。

2. 建设方案

特色小镇在建设中，能利用交通优势实现联动周边的城市资源，成为一个网络节点，使周边资源得到合理、高效利用；将综合交通服务水平不断提高，推动城镇外围交通道路的改造和建设工程，设轻轨换乘，公交站、转换停车场以及出租车停车场等各类交通衔接设施，快速连接周围次级单元。如北京新机场服务小镇、萧山空港小镇、宁海滨海航空小镇、建德航空小镇、新昌万丰航空小镇、秦栏边界小镇等。

（六）资源禀赋型

资源禀赋型即资源主导型开发模式。一般情况下，特色小镇有着丰富的旅游资源，可以通过发展旅游业成为旅游休闲特色小镇。

1. 基本特征

该类型特色小镇资源优势突出，具备核心吸引特性。城镇本身就是旅游胜地，非常有特色。根据它们所依赖的资源类型，可以把该类型特色小镇分为：自然资源型小镇和历史文化资源型小镇。自然资源型小镇拥有良好的自然资源，优越的环境和宜人的气候，在附近地区通常有风景较好的风景区，小镇建设应与风景名胜区建设紧密结合。历史文化资源型小镇发展模式主要依靠保留相对完整的传统建筑、古建筑，历史文化特色的展示和传统生活方式的体验，从而创造独特的吸引力。

2. 建设方案

特色小镇的资源可深入挖掘，特色小镇的市场前景广阔。特色小镇的发展重点是在泛旅游产业的框架下，建设特色产业、旅游产业及其他相关行业构成的产业集群，形成旅游产业和特色产业互动发展的机制，促进特色产业不断发展，最终让各个参与主体得到共赢发展。但地方的主导产业并没有发生改变，特色产业仍属主导产业，旅游业能带来人与消费的集聚，增加特色产业附加值，并且推动了它的发展。

（七）生态旅游型特色小镇

就我国第一批和第二批特色小镇类型而言，其中，数量最多的还是生态旅游型城镇，有 155 个，占总数的 38.5%；历史文化型特色小镇有 97 个，占总数的 24.1%。

生态特色小镇以其绝佳的旅游资源吸引了众多游客，在提供优质服务的同时，开发了高附加值旅游产业等。目前，国内有许多以生态旅游为基础的生态特色小镇建设案例。农业特色小镇通过休闲农业和特色农庄的开发，提供了高附加值的农产品，使农业升级向高附加值迈进。在发展条件日趋成熟的今天，在今后各个领域中，特色小镇必然是高附加值生态特色的发展的大的发展趋势。

1. 典型特征

该类特色小镇的道路、交通、环境、建筑风格、功能布局等各种设施，完全可以满足居民的物质和精神需求，一切都必须精心打造，展现出特色生态旅游小镇的思想，使生态旅游和现代服务业为特色小镇提供源源不断的经济收入。

（1）依托原有生态资源，挖掘宜居宜游功能

这类小镇生态环境良好，应利用原有的生态景观进行科学选址，深度打造，充分发掘当地旅游资源，把山水风光与当地人文文化联系起来，把民风民俗联系起来，通过研究使之发扬光大，让游客不仅观赏了山美水美，还能享受到极具地

方特色的文化。一切景区的开发与挖掘都应建立在自身资源的基础上，具备生态养生度假条件，因地制宜，避免景区雷同化。

（2）发展生态产业体系

优势产业要定位绿色、低碳和可持续的生态产业。发展生态经济是生态城镇的核心动力。关键是要依托生态环境，按照生态产业标准进行产业筛选和生态发展，延伸相关产业链，形成生态产业体系。其主体功能是以生态休闲为主。其功能定位则是以生态观光、健康养生、休闲度假为主。

2. 构建方式

（1）树立科学发展观，增强生态意识

小镇的发展建设必须牢固树立科学发展观，不断增强生态意识，坚持生态文明建设的要求，坚持“43321”发展理念：“4”是指要加强生态文化、生态经济、生态环境和生态社会；“3”是指实现人与人，人与经济活动，人与环境的和谐共存；“3”是指能够执行，可以复制，也可以提升；“2”是指新型产业化和城镇化之路；“1”是指走出一条新型的可持续发展的社会经济发展之路。在这一理念的指导下，旅游小镇应大力促进产业生态化、绿色消费和低碳生活，努力探索“绿色发展”的小镇发展新道路。

（2）转变发展方式，建设绿色的家园

生活在宜居的环境里，是人们的向往和对生态新城市建设的追求。应通过规范建筑风格、景观建设、节能低碳建设，将原有的旅游城镇改造为美丽、宜居、焕发活力的生态新城。第一，规范建筑风格。规划布局、项目设计和景观绿化应与当地文化和自然资源相结合。同时，在道路景观、建筑外观、绿色景观、小雕塑等方面进行创新设计，形成独特的生态小镇新风貌。第二，加快景观绿化建设。应根据当地情况，合理确定旅游小镇绿地规划的布局，提高绿地的建设和维护水平，探索绿化的新思路和新技术。第三，发展低碳旅游。应从两个方面推进低碳旅游小城镇建设。在宏观上，积极促进循环经济系统的发展，包括生产系统、流通服务系统、消费系统、社会系统、生态系统和基础设施系统；在微观上、要促进绿色产业的发展，促进节能技术在各个行业的应用。调整城市能源，交通和建筑结构向低碳化发展。

（3）加强小镇建设，做好安全工作

要加强生态文明建设，仅仅依靠思想观念的转变是远远不够的，还有必要加强制度等软环境的建设，形成生态文明要求的制度体系，做到有法可依。为此，有必要在体制机制、建设模式、方法和规定方面进行综合创新，创造一个可以支持生态小镇可持续发展的软环境。例如，在旅游小镇的开发建设中，实行政府主导、政企分离、企业主体、市场运作、区域发展和建设的新机制，形成扁平的行政结构和发展建设的资金循环链等，通过各项规章制度的不断完善和有效整合，形成一个制度体系。

（4）倡导以人为本，实现“幸福共享”

“幸福分享”是指经济、社会、文化和环境等综合功能能够满足当地居民需求的同时满足游客需求，提高他们的生活质量，努力为居民和游客创造一个更高质量的共享空间，最终绘出游客和市民分享幸福的完美画面。因此，在建设中，要做好以下几点：第一，发展社会公益事业，提高宜居质量。配备高质量的卫生、文化和体育服务设施，并与小镇商业中心合作，形成全面、多层次、功能性和特色的综合服务体系。第二，创新小镇旅游管理机制，促进幸福生活。建立以政府和居民为主体的基层管理机构，将旅游小镇建设成为有序管理、完善服务、文明和谐的生活社区。第三，完善社会保障体系，提高幸福生活指数。体现“以人为本”的概念，组织各种老年活动并提供全面的服务。通过各种措施，继续改善居民的生活质量，创建一个现代化的幸福小镇。

（八）高端制造型

特色小镇在建筑建造上应用了智能建筑技术，借助互联网和其他技术资源，推动地方经济发展，服务于当地人们的生活，从而树立了城镇服务特色，最终促使实体产业生产力得到提升，各个行业和产业之间能够更加便捷地进行协作。我们要意识到，提升特色小镇服务优势至关重要，这一发展方向可以提高居民与企业之间归属感，真正打造有特色、有魅力的小镇，更好地吸引资源，增强综合竞争力。

1. 典型特征

特色小镇的产业要围绕着高精尖的产业，注重智能化开发。其中，数字化产业、数字化政务、数字化民生等诸多方面都属于智能化和高精尖产业。另外，还有数字医疗、数字交通、智能化的物流系统、智能化社区等也属于数字化产业，应该大力发展。要将创新研发类项目放在重要位置，加大引进的力度，加快打造现代产业体系，立足高端装备制造业，向着信息服务和研发创意的方向发展，始终以生产性服务业作为支撑产业，发展商贸旅游业。这样才能促进城镇建设的发展和升级，促进人才资源开发，引进人才。

2. 建设方案

人力资源是影响经济发展的重要因素。要加强科技项目、工程技术研究中心、重点实验室等载体建设，强化股权、分红等激励方式，实现政府、企业、人才互利联动，为引进人才创新创业提供广阔舞台。要重视人才的培养和引进工作，不仅要引进高科技人才，同时，还要加强青年员工和群众等基础人才的培养，提高整体素质。

（九）金融创新型

金融小镇构建起金融服务、科技创新综合服务体系和开放共享平台，为“产城结合”“产融结合”提供了一条独特的发展路径，应依托区域丰富的科技创新及服务平台资源，搭建产、研合作及市场化发展平台，建立技术转移产业化加速通道，助力科技创新发展，推动优质科技企业、金融机构落户。

1. 基本特征

小镇地处经济发达地区，具有区位优势、人才优势、资源优势、创新优势、政策优势；应进一步完善股权、债权融资体系，对于企业基于产业结构升级等产生的融资需求，利用金融小镇优势金融资源，创新金融产品，推进产业转型与金融创新同步升级。玉皇山南可以和上海产生同城效应。玉皇山南可以通过与上海国际金融中心接轨，开展金融产业分工协作，和以上海为主的公募基金呈现错位发展的模式，用私募证券基金、私募商品（期货）基金和对冲基金、量化投资基金、私募股权基金等 5 类私募基金为核心业态，先后吸引众多行业领先的优秀项目和团队入驻。

玉皇山南基金小镇，现已有超过 1000 家金融机构进驻，资产管理规模达 6000 亿元左右，如此大规模的金融发展体量，这里自然成为杭州国际化发展的重要平台。玉皇山南基金小镇规划今后与格林尼治基金小镇加强合作，相互学习，相互分享，打造中国一流、世界知名基金小镇。

2. 建设方案

要有一定的财富积累和投融资的空间。金融特色小镇的建设与发展的功能定位的核心是结合区内产业特色、助力科技创新发展、建设产城融合范例；对接多层次资本市场的完善金融服务体系，打造新型金融服务业发展高地；聚焦发展以私募投资基金为核心的新型金融服务业态，集聚各型各类科技金融服务机构，打造出区域新型金融生态体系；以直接和间接投资方式，服务科技型、创新型、创业型中小微企业成长发展，助推科技金融创新体系建设。

（十）时尚创意型

1. 基本特征

时尚是对人类生活的永恒追求。作为文化创意产业的重要组成部分，时尚业在国民经济发展中起着非常重要的作用。中国经济正在转型升级，在寻求健康、高质量的发展。当今社会的主要矛盾是人民日益增长的对美好生活的需要和不平衡、不充分的发展之间，为时尚产业带来了许多机遇。该类特色小镇应以时尚业为主导，与国际市场接轨；以时尚产业为主导，促进国际化，体现文化特色，加强互联网应用。

2. 建设方案

该类特色小镇应该以文化为深度，以时尚为广度，实现产业的融合发展。在经济转型、产业升级的背景下，时尚产业的高附加值、高融合性、低消耗和低污染的特点，使其势必成为重点发展的产业。例如，杭州艺尚小镇是余杭区政府与中国服装协会、中国服装设计师协会联合开发的中国服装业“十三五”创新示范基地。它也是中国服装杭州峰会和亚洲时尚联合会中国大会的常设会议地点。经过 3 年的建设，小镇已初步形成，吸引了 24 名国内外设计大师，500 多名新锐设计师和 30 多家创新服装总部落户。

二、按发展动力分类

根据发展动力，特色小镇一般可以分为特色产业驱动型特色小镇、文化驱动型特色小镇、生态旅游驱动型特色小镇和大型项目带动型特色小镇。

（一）特色产业驱动型特色小镇

该类特色小镇的核心是特色产业，特色优势产业发展基础良好，具备发展第二产业和第三产业的基础。

（二）文化驱动型特色小镇

该类特色小镇是依托本地特有的历史文化或历史建筑建设的特色小镇，能够展示小镇历史文化风貌，旨在吸引游客体验本土文化和传统生活方式。

（三）生态旅游驱动型特色小镇

该类特色小镇以自然山水环境为基底，拥有较为丰富的自然景观，环境优越、气候宜人，能提供相应的旅游服务，是在旅游产业集群发展与城镇化双重推动下产生的小镇。

三、其他分类

（一）按集聚产业类型分类

通过对国内外特色小镇的研究分析发现，特色城镇还可以分为工业发展型、历史文化型、旅游发展型、民族聚居型、农业服务型和商贸流通型。在对第一、第二批特色城镇的调查分析中，旅游发展类型最多，第二是农业服务型，第三是历史文化型，还有工业发展型。住房和建设部对房地产，旅游小镇的比例不超过1/3的严格控制要求已开始生效，其他类型的小镇数量开始增多。

（二）按主导产业类型分类

根据《国民经济行业分类（GB-T-4754—2017）》，结合《战略性新兴产业分类（2012）》（试行）和《新产业新业态新商业模式统计分类（2017）》（试行），特色小镇的主导产业分为农林牧渔业、制造业、现代旅游服务业、现代金融服务业、战略性新兴产业研发服务业及节能环保业，除传统农林牧渔业和传统制造业外，其他均为三大新兴产业。其中，住房和城乡建设部组织的特色小镇和体育总局组织的体育休闲特色小镇属于不同部门。现代旅游服务业分为休闲旅游及度假旅游业和体育旅游业。为了便于区分，把住房和城乡建设部组织的特色小镇中的旅游类别分为休闲旅游及度假旅游业，把国家体育总局选定的体育休闲小镇分为体育旅游业。

总体而言，小镇将生产、生活和生态“三生”空间有机地整合在一起。它是一个重要的发展空间平台，集产业、文化、旅游和某些社区功能于一体。要建设特色小镇，必须加强小镇产业的生产功能，创造舒适的生活环境和宜人的生态环境，使生产、生活和生态空间有机融合。在生产空间中，应突出一个小镇或一个产业，聚焦于最具特色的产业，着眼于绿色、低碳和广阔的市场前景，并努力打造最适合自身发展的特色产业；改善水、电、路、气、信等基础设施建设，提高综合承载能力和公共服务水平，增强企业服务，商业贸易和文化展示等综合功能，使小镇更加宜居；在生态空间上，必须坚持生态优先，践行“绿水青山是金山银山”的理念，努力建设“山水林田湖共同体”的生态格局，在加强生态环境保护的同时，加快绿色生产和生活方式的形成。

第四节　文化场域下的特色小镇发展

一、文化场域下特色小镇规划理念

文化的演化和变迁是一个永恒的话题。所有的文化体都不可避免地要与外来文化交流、碰撞，相互间必将产生影响。因此，所有文化体都会出现涵化、变迁甚至断裂或消亡。文化只有与时俱进才能在不断融合中保持存在。所以，文化的界域虽有边界，但很多时候不得不开放边界，甚至模糊边界，以赢得核心价值观的存续。①

（一）文化场域理论研究

“场域”理论是布迪厄在实践社会学中提出的重要理论，也是布迪厄从事社会研究的基本分析单位。布迪厄在社会学研究中提出场域概念是受物理学中磁场论的启发，也与现代社会高度分化的客观事实有关。布迪厄所提出的观点主要为：

① 杨振之．论“原乡规划”及其乡村规划思想[J]．城市发展研究，2011，18（10）：14-18.

在高度分化的社会里，社会世界是由具有相对自主性的社会小世界构成的，这些社会小世界就是具有自身逻辑和必然性的客观关系的空间，而这些小世界自身特有的逻辑和必然性，成为支配其他场域运作的逻辑和必然性。[①]

“场域”论是布迪厄实践社会学的一个重要学说。同时，它还是布迪厄进行社会研究时最基本的分析单元。布迪厄从社会学研究出发，提出场域概念，这是受到物理学磁场论思想的启示，受到了现代社会分化严重这一客观事实的影响。布迪厄的理论主要分为这几点：处于高度分化社会中，社会世界由一个相对自主性很强的社会小世界组成，这些社会小世界是一个有其自身逻辑，有其必然性，有其客观关系，以及这些小世界本身所具有的独特逻辑及其必然性组成客观关系的空间，成为主导他场域运行的逻辑与必然性[②]。布迪厄社会学试图跨越主观主义和客观主义二元对立，由此尝试把它们整合成整体的知识框架。这几种对立相互杂糅，让人类学关于人的实践真相不能清晰地呈现出来。为了实现对上述二元对立的超越，布迪厄把那些形成了表面上完全相反范式的“世界假设”，转化为以对社会世界双重现实本质进行重新把握为目的的分析方法的系列环节。由此而来的社会实践理论将“结构主义”与“建构主义”这两种路径结合在一起。

布迪厄对场域的定义从多个层面进行过论述：第一，场域是一个相对独立的社会空间。在布迪厄看来，场域是一种社会空间，而不是地理空间。具体来说，场域就是现代社会世界高度分化后产生出来的一个个“社会小世界”。一个“社会小世界”就是一个场域，如经济场域、文学场域、学术场域、权力场域等，这个意义上的“场域”有点类似于我们平时所理解的“领域”。布迪厄说：“我们可以把场域设想为一个空间，在这个空间里，场域的效果得以发挥，并且，由于这种效果的存在，对任何与这个空间有所关联的对象，都不能仅凭所研究对象的内在特质予以解释。”[③] 此后借助于场域的作用，布迪厄在总体性实践理论上有所发展，他将实践理论变成了惯习、资本与场域的关系的后果，行为是阶级倾向和特

① 皮埃尔·布迪厄，华康德. 实践与反思 反思社会学导引［M］. 北京：中央编译出版社，1998.

② 同①.

③ 同①.

定场域中结构动力互动的结果。社会集合体都有某种内在固有的本质倾向，为了维护他们的生存，种种制约在种种力量关系中都是很深的，这些关系形成行动者介入的场域，这就形成了让他们相互对立起来的种种斗争。受上述制约条件，惯习引导着这些行动者去体验一种情境，以及行动者以其实践窍门，根据他们的习性，孕育了适合这一情境的行动路线。

布迪厄指出文化资本以三种不同的状态存在：首先，它是指一套培育而成的倾向，即个体行动者通过家庭环境及学校教育获得并成为自身精神与身体组成部分的知识、教养、技能、趣味和感性等，这是文化资本身体化的存在状态；其次，文化资本以一种涉及客体的客观化的形式存在；最后，文化资本以机构化的形式存在。①

每一个场域都是由市场来连接的，市场将场域内象征性商品生产者与消费者相连接。文化是资本的核心要素之一，不同场域中的文化资本在一定程度上影响着经济活动的发展方式。以特色小镇为空间载体的文化场域，透过旅游市场，文化场域内旅游产品和旅游消费发生关联，使其产生了旅游消费行为，最终创造了旅游经济效益，在资本之间进行转化。因此，这里从区域发展角度出发，结合文化场域理论，提出了基于文化场域视角下特色小镇建设策略，对如何利用场域理论进行地方文化资本的融合进行了研究和分析。文化场域理论应用于旅游开发活动，主要是强调异质文化活动领域边界的厘定与理解。一是有助于深化对特色小镇的文化理解。外来旅游者来到一个新的文化场域，就像来到一个全新的社会空间，这个社会空间的很多内容与其原本已经习惯的社会空间也许有天壤之别，社会与生俱来的属性，早已经以惯常的方式内化在躯体内，成为人们行为的一种生成性策略，由此可能会在不同文化场域之间造成文化冲突。所以，深化对文化的理解和认识，有助于解决在旅游特色小镇发展过程中存在的问题，应对和处理不同文化场域间文化冲突，从而规避文化冲突的负面影响。通过对地方文化进行挖掘并将其融入特色小镇的建设之中，可以提高人们对于特色小镇的认知程度，增强人们对于特色小镇建设的认同感。二是有助于增强特色小镇的辨识度、美誉度和竞争力。要想真正打造具有地域特征的文化特色小镇就必须从区域产业集群出发，挖掘地方历史文脉资源，结合本地自然条件、人文特点进行建设。当前，部

---

① 戴维·斯沃茨．文化与权力 布尔迪厄的社会学［M］．上海：上海译文出版社，2012.

分地区正在开展特色小镇打造工作，有很大一部分地区产生对小镇内涵的背离，建成的旅游特色小镇已经“变味”。这些特色小镇仅有“招商引资”和“将空间转化为房屋”两大特色，且较少触及应具有的特色产业、文化传统、人居环境的内涵等，有的甚至出现了“圈地是城镇”“无中生有”的情况，这样做无疑忽视了地方传统产业特色与人文地理环境的关系。从文化场域理论出发，探讨特色小镇建设过程中应注意的问题并提出相应对策，有助于有关管理部门的决策和环境的改善，促进社会与经济协调发展。

（二）特色小镇文化场域及文化的地域性

特色小镇的文化场域是对本地域特性的反映，是坚守自身的原文化和自然性特征，是本域的自然与文化之源。而文化的地域性是指当地文化受到异域文化的碰撞，会出现文化涵化和变迁，所以文化的地域性是不断变迁的。

文化地域性的变迁一方面是在空间上与异域性相碰撞而形成的；另一方面是由历史的原因生成，即时间的变迁，将引起文化地域性的变化，此为历史的变迁。历史性生成是不断丰富、完善文化地域性的过程，其结果是使文化地域性具有多样性，进而形成自身的特色。

每个地方都有其自然特性，这是构成场域的基本属性。自然特性包括这个地方的气候条件、山川河流走向、环境特征、地貌特征以及它们相互影响而形成的综合特质。所以，地理环境、自然特性塑造了一个地方的文化性格，也决定着这一特色小镇的文化及其场域。其自然特性是形成文化地域性的灵魂，有其山水必有其人文，这就是所谓的一方水土养一方人。

（三）文旅特色小镇的文化挖掘

严格来说，历史文化是资源的一部分，属于小镇人文资源的一部分。但文化是特色小镇发展的灵魂，文化产业比旅游行业更宽泛，如电影、电视、媒体，其产业链更长、相关产业更多。旅游也有文化产业，很多文化产业是通过旅游来表达的，如名山胜水、古村落等，往往一个区域最深的旅游文化就在当地的古城、古村里。这个要游客去体验。

历史文化研究非常重要，对一个区域的文化要有很深刻的研究才行。在将资源转化成产品的过程中，最难的是将文化表现为产品，如印象刘三姐、九寨沟少数民族舞蹈演绎。未来文化旅游特色小镇发展的一个难点就是历史文化产品的转换形式，即如何通过产品来表现文化。文化消费很多时候只是符号的消费，要将符号的消费转化为体验的消费，如服装或者表演都是符号消费，游客对文化领悟不深。中国文化是意象的表达方式，是思维方式的问题。

保留特色小镇的文化底蕴要求设计师更多地站在当地居民的立场来进行规划编制，充分尊重当地的文化场域和社区文化，尊重当地居民的观点和生活本性，对当地地域文化尽可能挖掘、保护和传承，通过特色小镇的规划发展唤醒当地居民的文化意识，并使当地居民参与小镇的开发建设，促进区域发展。

二、文化场域下特色小镇相关案例解析

（一）文化场域下湘西少数民族地区特色小镇研究

1. 对特色小镇建设发展现状进行调研分析

以湖南省旅游业“十三五”规划中提出的湘西少数民族地区特色小镇里耶镇、边城镇、山江镇、矮寨镇、芙蓉镇、默戎镇为案例，深入挖掘其文化特色。

2. 基于文化场域视角提炼文化资本

少数民族地区在长期的社会历史实践中形成了本民族独有的民族文化，这是区别于其他民族的重要特征。民族地区旅游特色小镇最主要的资本则是民族文化资本，通过对民族文化资本的整合，与旅游特色小镇内涵相融合，强化旅游特色小镇文化场域的自主化特征，使旅游者摆脱日常生活中的烦恼与枯燥，实现对差异性文化的体验和“诗意地栖居”的渴望，从而影响旅游者的旅游行为与旅游消费行为，激发民族文化利润创造与再生产的潜力，实现文化资本向经济资本、社会资本的转换。

3. 多产业互动融合、联动发展

应利用湘西少数民族文化的丰富性、多样性、神秘性和旅游产业的强关联性与集聚性，实现旅游产业、文化产业、餐饮住宿业、商贸业、制造业等产业的互动融合和联动发展；突出该地区的民族文化特色与文化氛围，制造吸引旅游者发生旅游行为与消费行为的文化场域；结合旅游基本要素完善旅游产业链，使特色小镇产业进一步专业化与深度化。

游客追求人生经历的转换，希望体验一种不一样的生活，就必须借助对旅游目的地的文化性资源的消费。文化性资源随时提醒游客已经离开了自己的惯常环境，身处一个新的环境之中，应引领他们去感受和体验旅游目的地的独特之处。地域资源中蕴藏的丰富的文化特性又激发了游客或惊奇，或感动，或愉快，或怀旧的美好情感，所有这些意味着文化性资源具备旅游的价值，是吸引游客前往的核心要素，标志着区域的特殊性并体现区域丰富的意义内涵。文化性资源在空间上的集结是旅游目的地形成过程中必不可少的条件，游客通过对文化性资源的消费，实现了对现实环境的超越，从而体验到一种不同的日常生活。

（二）文化场域下湘西少数民族地区特色小镇旅游发展策略研究

特色小镇的概念刚刚提出来，而发展特色小镇的任务又很重，受制于这样的情况，目前有关特色小镇的研究，重点只放在“什么是特色小镇”以及“如何建设特色小镇”等问题上，这显然是不够的。大多数的研究还仅停留在经验总结的范畴，往往缺少理性分析。许多问题的研究还有待深入。如特色小镇建设的方法是当前的研究关注较多的问题，而文化也是特色小镇特色之所在，但如何加强特色小镇的文化建设，目前的研究较少涉及。①

应从特色产业培育、空间形态建设、地方文化解读、地方文化保护与传承、旅游公共服务体系建设等方面进行策略的分析，解决如何以“特色”形成核心竞争力，通过文化场域理论，挖掘当地文化，彰显特色的传统文化，形成地域传统文化特色传承保护与区域社会经济发展相结合的生动实践。民族地区以其特殊的地理区位与经济基础以及资源优势等条件，在城镇化的进程中选择建设旅游特色小镇是其最佳发展道路。

① 宋秋，杨振之．旅游研究新视角［J］．旅游学刊，2015，30（9）：111-118.

第五章　现代环境艺术设计与特色小镇的融合发展

本书第五章为现代环境艺术设计与特色小镇的融合发展，主要介绍了四个方面的内容，分别是建筑设计与特色小镇建设的融合发展、景观设计与特色小镇建设的融合发展、园林设计与特色小镇建设的融合发展、室内设计与特色小镇建设的融合发展。

第一节　建筑设计与特色小镇建设的融合发展

建筑风貌是影响小镇风貌的重要因素，对小镇建筑进行创新与应用、对建筑风貌进行合理控制与引导，是维护和强化城镇特色风貌的必要手段。应从特色建筑构建的角度对本土建筑进行了深入的研究，从而建立了特色建筑的设计要素与引导体系。

一、特色小镇建筑的重要性

（一）有效保护生态资源

建筑风格是一个地区的建设特点。民族地区应突出其建筑风格，使之与本地区的民族文化、风土人情、自然风光、地域环境相衬托、相辉映、相结合。创造性地建设好小镇的每一幢建筑，是建设者的一项任务。自然环境是人们生活的保障，乡村景观对于自然环境有直接的影响。在长期的发展过程中，一个地区居民的生活方式已经与周围的自然环境融为一体，从而保护了当地动植物的种类和数量，维护了生态平衡。以会泽为例，会泽地处滇东北金沙江东岸、曲靖市西北部，系云贵高原乌蒙山主峰地段。

会泽的住房大多为木结构建筑，一般民居建筑采用木结构承重，常用的有“穿斗式”和“抬梁式”，依据房屋进深大小设置三脚、五脚、七脚或九脚落地，框架柱榀数为开间数加一，承重檩为五部、七部、九部或十一部，内隔为木枋板隔断，石灰砂浆调扣筒板瓦青瓦屋面，外维护墙为砖墙或砖包土坯（俗称金包银）墙，山墙为一砖二瓦、一砖三瓦或二砖二瓦飞沿，砖瓦压脊，有的山墙高出屋面设为猫拱墙。在保护生态环境的前提下，设计师应结合民俗文化设计建筑风格。在目前国家倡导的低碳经济发展指导下，这种意义就显得更加重要。一些小镇往往与水源的河流相惜相伴，环山绕水，保护生态资源、体现原生态风貌的建筑特色更需要规范化、合理化。生态建筑是现代提出来的一个新概念，主要分为以下两点：

第一，从建筑所在地域出发，重视地方性，利用本土材料结合传统技术的设计手法。

第二，结合当地的自然生态条件和生态理论，运用新技术和新材料解决生态问题；从当地的具体生态环境出发进行建筑设计，体现了地域性是影响生态建筑设计的重要因素。生态建筑的特色就是反映该地区生态特征、人文风貌等，保护围绕小镇的田园风光区域与自然山体水体、江畔滩涂，强化这些小镇的空间边界点，形成良好的水上与陆上远眺风貌，构筑城市开放空间系统。

（二）有助于文化的继承

具有乡土特点的建筑是小镇建设的重要组成部分。会泽的古城为规整的长方形，东西、南北对应的中轴形成十字形的主要街道，再加上各条巷道，使整座城内呈棋盘式道路格局。组成十字街的东西直街和南北直街是城市的主要商业区，在街道两旁，各种铺面林立，错落有致，连成一片的青瓦屋面、猫拱墙、雕花门窗、店前拦柜，以及青石街面和防火石水缸、街灯等，无不显示“铜都”的繁华和府城的街区特色。特色建筑是民族传统文化重要的组成部分，因此，基于当地的民俗、民风等风貌开展小镇建筑景观的建设，不但有效地提高了小镇的文化氛围，还提高了建筑的含金量，而且对继承和发扬我国优秀的传统文化也有着重要意义。因此，在保护性规划的基础上，应该深入研究小镇的场所精神与特色，将场所构建与小镇的历史景点建设、人文内涵与民族特色的延续有效结合起来。

（三）对当地经济的带动

旅游是文化性很强的经济活动，发展旅游为弘扬小镇文化特色、保护小镇资源提供经济支撑。利用特色建筑是发展旅游的一个重要资源渠道，两者不应该对立，而应该相互促进、相得益彰。纵观中外的知名小城镇，大多都具有独特的建筑特色，小镇旅游的开发也要向着一定的主题发展。建筑是确定小镇主题特色的一个部分。很多人到了节假日都会驱车到附近的乡村小镇呼吸一下新鲜的空气。对于具有乡土特色的乡村小镇景观人们更是青睐有加，在某种程度上，这已是旅游资源的重要组成部分。一些建设较好的小镇不但可以引来当地的游客，甚至会有其他省市、海外游客的光顾。这无疑促进了当地的经济发展，提高了居民生活水平，可谓一举多得。此外，旅游业的发展可以增加就业机会、缓解就业压力。要紧密结合小镇经济发展战略，科学修编小城镇发展总体规划和详规，重点加速基础设施建设，努力改善外部投资环境。要加强特色建筑的建设，有利于吸引投资商的眼球。在建设居民住房的同时，要建设商业建筑、尽快形成多渠道投资、多元化发展、相互竞争、相互促进的发展格局。

二、特色小镇建筑分类

（一）公共建筑

大型公共建筑一般主要集中在小镇中心区，主要以建筑组的形式来布置，与整个小镇的建筑风貌吻合。一般体量的公共建筑在形式上可以采用“架式”的结构，考虑使用功能，在山墙的檐口处采用表达“架式”结构的造型即可，仅将其作为一种装饰。而跨度较大的公共建筑，如体育馆，在钢结构屋顶的造型上可以沿用“格罪”屋顶的造型，富有动感和地域气息。高度较高的公共建筑要注意墙面材质的变化。

（二）商业建筑

商业街区需要有足够的特色来吸引旅客，还要得到本地消费者的属地认可。由于商业街区的业态丰富，其建筑门窗的开启及整体造型有较大灵活性，可以将现代建筑和传统建筑的特色进行奇妙混搭、控制天际线、临街面的进退韵律及色彩的组合。传统的图腾、绘画和刺绣图案等都可以在建筑或构筑物上体现，使建筑展现出与别处不同的外表。

（三）居住建筑

居住区要求建筑在风格上相对宁静素雅，在颜色和材质上不宜太过招摇，在元素的选取上，可以提取当地传统房屋的“神”和“形”进行组合。整体群落形态和体现朴素唯物观的具体图示，使建筑在规划形态上也呈现出独具特色的本土性，并兼顾当地居住习惯和日照采光要求。

第二节　景观设计与特色小镇建设的融合发展

传统聚落是人类早期聚居、生产、生活的载体，是社会结构和城乡发展的细胞。传统聚落景观是一种综合的文化景观资源，是在自然环境基底上叠加人类社会活动的一种地域综合体。在低碳经济的发展背景下，研究传统聚落景观、解读其低碳模式、挖掘资源的现代价值，不仅是对地域文脉的传承，还对保护利用传统聚落环境、开发当地乡土资源具有实践意义，同时对于现代城市设计和居住环境建设方面具有借鉴价值，有利于民居资源的合理保护和低碳化开发，可促进乡村经济发展和小城镇建设。

一、传统景观的内涵

传统聚落景观的形成受自然地理环境（气候、地貌、生态等）、地域文化背景（信仰、民俗、审美等）以及社会经济发展水平等因素的综合影响。但在诸多影响传统聚落景观形成的因素中，地理环境与文化的作用是最主要的。比如地貌差异导致了高原、山地、平原、水乡聚落景观的差异（如吊脚楼、水街屋、梯形屋等），地势高低影响着聚落空间布局的形态（如沿等高线布局、沿河流布局等），纬度的高低决定了不同地带聚落代表性景观植被的种类（如大樟树、大榕树、凤尾竹等），降水量的多少决定了建筑屋顶的形式（如单坡屋顶、双坡屋顶、平屋顶等），地方文化的差异显示出传统聚落景观的地域特色（如湖湘特色、徽派特色、东北特色等）。

在闽粤赣交界地带的南岭山区，山路崎岖、多山、森林茂密，丹霞地貌发育受客家文化影响，建筑多为土楼，有圆形、半圆形、马蹄形、方形、八卦形和不规则形等多种造型，其聚落景观给人以“大山里的堡垒，神秘而奇特的家园”的感觉。在黔西北及云贵高原地区，因地处山地高原，且降水较多、景观多样、垂直变化明显，加之受多民族聚居文化影响，其聚落多为干栏式双层结构民居，如吊脚楼，总体景观给人以“多彩的人类家园，优美的山地文化生态景象”的印象。而在皖赣一带，因湿润多雨、山水相间，且地形以丘陵为主，加之受徽商文化影响，建筑保留了较为传统的中原样式，多白墙灰瓦，马头墙厚重规范，防火功能明显，如砖雕、石雕、木雕常见，石牌坊闻名，其聚落景观显现出“山深人不觉，仿佛‘中国画里的乡村’”的特点。在北京山区、燕山、太行山一带聚落多建于缓坡之上，层层升高，依山而建，且多为大型聚落，墙体较厚，密度大，四合院围合景观典型，体现出高宅大院的整体气势。

二、传统景观的开发

（一）文物式保护与宣传

传统聚落在自然环境选择、聚落布局与选址、建筑及道路设计等方面形成的低碳环保理念值得继承与发扬。从文化遗产的角度而言，需要把关于传统聚落“小的、有限的、碎片的和古代的”物质性或非物质性景观，通过历史记录等线索进行串联，对传统聚落进行文物式保护与宣传，以彰显传统聚落景观低碳模式的现代价值。

1. 建立和保存传统聚落低碳模式的项目档案

积极搜集、发掘与传统聚落景观低碳模式相关的生产、生活的相关实物资料，用文字、录音、录像、图片、数字化、多媒体等汇编手段，进行真实全面系统地搜集、记录、分类、编目，建立和保存完整的项目档案并合理利用；组织加强研究，深入挖掘传统聚落低碳模式的内涵和外延。

2. 开展传统聚落低碳元素的研究

从传统聚落选址、布局、形态、地域特色等方面研究传统聚落低碳元素，从中汲取养分，为生态乡村、低碳社区、低碳城镇、特色村庄的建设与创建活动提供支撑，服务生态城乡建设。

3. 促进传统聚落低碳模式的传承、传播

通过传承传习、社会教育和学校教育等途径，使其能继续作为鲜明的文化形态在相关领域，尤其是在青少年中得到弘扬和继承；利用节庆活动展览、观摩、培训、专业性研讨、大众传媒和互联网宣传等形式，加深公众对传统聚落低碳模式的了解，促进社会共识。低碳博物馆的建设与创新受到生态博物馆（Eco-museum）这一概念的启发，我们认为，传统聚落景观的低碳模式，可以通过建立“低碳博物馆”的方式对其现代价值进行开发与利用。“低碳博物馆”是以生态学、低碳经济理念为指导，以社区环境为基础，以某一特定地域、特定群体的全部文化景观为展示内容，以就地保护的方式进行原生态状况下的“活态文化遗产”的保护和展示，是低碳经济背景下的一种创新型文化景观保护与展示方式。

（二）旅游资源保护与开发

传统聚落是一笔丰厚的历史遗产，其独具特色的民居建筑、原始淳朴的生活方式、古朴幽静的自然韵味、千年积淀的文化内涵、丰富多彩的民俗风情等，成为旅游者探幽访古、休闲度假的理想之地。在旅游业（特别是低碳旅游）日益发达的当下，我们可从以下方面着手，开发传统聚落景观低碳模式的现代价值。

1. 重视传统聚落旅游规划，提高管理水平

将传统聚落按其低碳价值规划出绝对保护区、重点保护区、一般保护区和控制发展区，系统做好《传统聚落保护规划》《传统聚落旅游开发规划》等工作，兼顾经济效益、社会效益和环境效益，在维持古村镇原真性的同时，切实考虑居民利益，实现可持续发展。

2. 创新旅游形式，增加低碳体验内容

传统聚落旅游类型呈现梯层结构，在时序上呈现由低到高、由浅到深的发展趋势，以文化为主要内涵的低碳体验旅游是高层次的现代旅游，也是传统聚落景观低碳模式现代价值开发的必由之路。比如，可以为旅游者准备学水墨画、学扎染、为传统聚落旅游者计算碳足迹等活动，丰富低碳体验模式。

3. 保护传统聚落环境，创建和谐旅游聚落

应制定传统聚落环境保护条例，改变传统能源结构，推广污染小的清洁能源，调整产业结构，减少对生态的压力。当需要修复某些古建筑时，要修旧如旧，将

“改、修、补”相结合，采用原材料、原工艺、原样式使得自然、历史、人文和谐，使其“延年益寿”。

（三）特色文化的挖掘与光大

人地和谐思想、平衡理论、大地有机自然观以及中国文化中的诗画境界均是传统聚落低碳理念的文化基础，也是我国特色文化的精粹，值得深入挖掘、发扬光大。

1. 对特色文化的研究与整理

政、学、企结合，成立由文化学、地理学、历史学、建筑学等专业人员组成的传统聚落文化专门研究小组，并通过下达专项研究课题等形式，对传统聚落的特色文化进行挖掘和整理，为后续工作提供科学指导。

2. 差别化处理特色文化

对某些未知领域应尽快发掘、整理和评估，对将要开发建设的聚落文化应多方联合，将立法和学术研究等多方面进行结合。在可能的情况下，进行全国统一分区分类，对现存所有聚落文化进行总体普查研究和评估，划分区域与等级，制定相应保护措施等，减少局部地区乱开发和建设带来的破坏。

3. 尊重现存聚落文化形态的区域性及唯一性

区分总体特点及单体特点，在结合现代技术的同时，保持原有风貌及特色，改进内部功能及环境质量，不宜任意创新或引入外来文化，需要注重彰显个性与特色。

4. 发展低碳文化创意产业

以传统聚落低碳资源为依托，发挥创造性想法、构思等，结合现代科技，将其转化成现代产品，实现经济效益。比如，开发传统聚落创意纪念品、策划低碳旅游等特色活动和项目。

2009 年，我国住房和城乡建设部与国家旅游局联合启动了“全国特色景观旅游名镇（村）示范”工作。2013 年，住房和城乡建设部启动了“美丽宜居小镇、美丽宜居村庄”示范工作。2016 年，住房和城乡建设部、国家发改委和财政部共同启动了“全国特色小镇培育”工作，逐步推动了国内类似特色旅游小镇的发展。

三、景观设计与地域文化的关联

景观设计与地域文化相互作用与影响，将地域文化的内涵铭刻于旅游风情小镇景观设计之中，从文化的角度塑造旅游风情小镇的景观设计风格，那些蕴含着文化认同感与场所精神的伟大设计作品将会成为地域的坐标，将积淀于几代甚至几十代人的回忆之中，成为一个区域大众的心灵寄托与情感归宿。

四、景观设计促进特色小镇发展

（一）居住区景观设计

以徽派建筑为主体的景区为例，居住区中公寓式酒店、客栈、住宅的设立为游客提供了多方面、多层次的绝佳的居住体验，在满足使用功能的前提下，将徽派建筑风格融合于建筑设计之中，服务于小镇旅游，同时打造中式庭院空间，为游客提供幽静的景观环境。

居住区能够满足不同消费水平及不同住宿需求的游客的要求，建设各类仿古客栈、家庭旅馆、会所式酒店、经济型商务酒店等。徽派建筑由门洞相连，中间配有绿化植物，早起花香四溢，午后绿树成荫，傍晚彩霞肆意，夜半月色如洗，庭院深深，四时皆有风景。

（二）建筑景观设计

徽派建筑中最大的特色的就是古朴典雅，将古典风韵运用于矶滩旅游风情小镇的建筑设计之中。青瓦白墙，木质的门窗，演绎了徽州清雅的色彩。徽派特色的马头墙仅于墙角装饰，缩小体量，融入当地的建筑设计之中，形成了现代与古典的交融的景观建筑风貌。整个小镇建筑高低错落、和谐统一，形成秋浦河畔的一幅美丽的风景画。商业街区的建筑为二层或三层小楼，一层开门为门面，楼上开窗或为商业用途，或为店主的居所；内饰注重文化氛围，装修古典自然、色彩雅致，配合有字画、摆件、徽派砖雕，形成了独具特色的文化氛围。

信用社位于活动区域中间，两层跨院小楼，一层对外营业，二层为办公区。居住区建筑形式多样，中央为多栋建筑彼此相连形成的一个住宅集中区，主要用于游客接待，包括酒店、客栈等。内饰注重传统风貌与现代使用功能的结合。北侧为两栋当地居民住宅，一梯两户一栋两单元，现代化的建筑设计满足当地居民使用需求，色彩符合小镇整体基调。最东侧为小镇的五层办公楼，服务于整个小镇。

徽派牌坊、亭廊建筑是对古代传统建筑的简化与抽象，设计时应从周边环境出发，充分考虑建筑形象与空间组织的关系，运用多种手法体现地域性文化。

（三）小品景观设计

在景观设计之中，小品是对文化最具体而深刻的表达方式。矶滩旅游风情小镇中充满地域性文化的雕塑、砖雕、景墙、灯具等各种形式的景观小品布满整个小镇，让游客在游赏放松的过程中感受整体的文化氛围。

在各个景点可设立石雕，刻有景点的诗文介绍，利用诗词等意象烘托出整体的文化氛围。徽派景墙将徽派建筑进行侧面的局部化，与风情小街的建筑共同营造出江南小巷的感觉。在石刻追忆景区中，以诗人李白为主题的组合景墙位于中央水景轴的末端，雕刻有李白临江而诗的画像以及《秋浦歌》等重点代表作，在障景的同时塑造出景墙的意向，营造出满满的文化氛围。矶滩旅游风情小镇中多处设有照壁，或为石雕或为砖雕，刻有矶滩风光、矶滩赋、矶滩文化等，展示了矶滩风景如画及人文气息。

小镇在灯具方面，道路两侧多采用文化性灯柱、表面镂空纹饰，雕刻有傩面具图案、水波纹图案、茶文化图案等。夜晚灯光一亮，各种纹饰投影于地面，明明暗暗、昏昏黄黄。中央水景轴范围内的灯具为低矮的仿古花灯，设置于水岸边缘，四面灯罩描有诗文与绘画作品，一灯一诗一画，各不相同，引人探究，还配有美人划船采莲图，游客在白天可赏灯上的诗文，在夜间可看灯火点点映着水光，在细节处展示小镇的地域性文化。

（四）铺装景观设计

园林铺装是指用各种材料进行地面铺砌装饰，为人们提供了丰富的活动场所，同时也创造了优美的地域性文化景观。大空间选用大尺度的铺装，形成敞阔感；小空间选用小尺度的铺装，使空间具有私密感。整个小镇在铺装色彩上应当既整体统一又富有变化。同时，应当在色彩上注重植物色彩与铺装色彩的融合。不同质感的铺装能够形成不一样的空间体验，大空间铺装应当选用质地粗糙的材料，如麻面石料、灰色仿石板材料，使人感到粗犷、稳重；小空间铺装应细腻一些，选用细小、圆润的材料，如碎石、软石，使人感到细致、温柔。不同的纹饰图样有着不同的作用，直线型有引导视线、增强空间的作用；规则的图形如正方形、矩形有暗示静止空间的作用；不规则的冰裂纹等铺装更具有自然朴素的野趣。

矶滩旅游小镇中主要道路需满足车辆通行及大量的人流量需求，采用沥青混凝土路面。风情街中道路铺装多采用石板，间或配置砖雕、石雕，路边配合铺装有部分青砖、鹅卵石等，用于设置下水及与绿地、建筑的界限。景区中小径可根据需求，设计不同的纹理、图案，如在沿河风光绿带中小路的铺装采用灰色的仿花岗岩材料，运用碎纹铺装，配合有鸢尾、结缕草等各种植物的搭配，在软硬的搭配中突出了自然野趣。广场铺装以大尺度石材为主，通过不同材料的组合、波纹状等各种铺装手法的运用，展现出空间的节奏感，同时用不同的铺装纹饰来表达地域性的景观文化。停车场应当减少硬质铺装的运用，多用植草砖，有助于调节地面温度。

（五）绿地种植景观设计

种植设计指导思想是：第一，使用功能与思想艺术性的统一，体现生态性的主要原则，追求模拟自然植物群落的结构与发展，创造生态的人工群落；第二，尊重场地特征，传承基址文化，保障对原有植被最大化地保留与利用；第三，汲取植物配置精髓，展现景区的文化性。

种植原则为：第一，选用易成活的、经济实用的乡土树种，重要景点景区适当引进外来树种；第二，常绿树与落叶树相结合，兼顾生态，做到四季常绿，三季有花；第三，慢生树种与速生树种相结合，保障景观环境的可持续发展；第四，注重植物色彩搭配，突出景观季相的变化；第五，强调生态性，采用灌木、地被植物、水生植物相结合的方式来配置植物，形成高、中、低复合化绿化模式。

居住区作为居住生活中重要的景观区域，宜采用规则式的配置，烘托安静的氛围，在以香樟为基调的同时，配合灌木与花地被，形成层次丰富，相互依存的群落关系；在搭配上，考虑层次关系，形成良好的空间感与景观氛围。乔木选用落叶小乔木晚樱，夏季遮阴，冬季通风；灌木选择黄杨修剪成球，配置丁香，毛竹，展现居所文化景观性。地被选用月季、二月兰和结缕草。

沿河风光绿带是重点的生态景观区域，主要利用乔木造景，提供一个绿色背景，形成草坪与背景乔木的对比，郁闭与开敞共存。同时，利用植物的生态保健功能形成自然野趣，突出季节更替的景观变化，增加景观的深度。在植物的选择上，突出季节性的重点树种。春季：玉兰、垂柳、晚樱、紫荆、毛竹；夏季：香樟、栀子、睡莲、石榴；秋季：水杉、黄山栾树、乌桕、银杏、虞美人；冬季：香樟、石楠、桂花、蜡梅；形成春之色彩、夏之芳香、秋意微黄、冬景苍翠的景观氛围，利用植物不同的景致，展现季节更替与时间流淌。商业区与活动区主要为了满足通行使用功能及一些集会活动。植物的配置应显得简洁大气，同时在边缘展现一些植物的遮阴能力，并在小范围内点缀一些开花树种，丰富层次与色彩。广场周边前排选用香樟整齐种植，随后逐渐过渡为自然式种植。

第三节　园林设计与特色小镇建设的融合发展

如何打造具有特色的小镇，园林设计显得尤为重要。例如，星火朝鲜族村面临着向旅游业为主的重点乡的转变，特色旅游民族乡镇的确立使其城镇影响力由地方性升级为区域性。因此，城镇性质应突出旅游资源、生态环境及民族文化特色，园林设计在小镇中的应用就尤为重要。本节我们就以星火朝鲜族村建设特色小镇的案例，来说明园林设计与特色小镇的融合发展。

一、确定规划结构

星火村用地规划结构概括为：“一心连两轴，四区加一环”。一心：公共服务中心，包括各类公共服务设施。两轴：东西向和南北向的两条主要道路形成的两条主要景观轴线。四区：即中心服务区、居住区、旅游服务区和工业区。一环：外围村庄环路。

二、完善功能区

第一，中心服务区位于整个星火村用地的中心区域，包括村委会、老年协会、广场、各类商业服务设施等。中心服务区作为星火村的中心服务村庄的居民。

第二，星火村内的居民区由东西向和南北向的两条村庄主要道路分成四个居住组团，每个居住组团与中心服务区都有着紧密的联系。

第三，旅游服务区位于整个村庄用地的东南位置，在黑龙江为民米业公司和兴发牧业发展有限公司用地。由于这两块工业用地将迁入燎原村的工业园区内，而星火村作为朝鲜族星火乡的主要旅游村庄。本次规划将原有的两处工业用地规划为文体科技用地，满足星火村未来旅游的发展。

第四，规划后的工业区用地位于村庄用地的北侧，下风下水方向，对村庄的居民区干扰较少，设计中运用大量果树作为绿化带将各区之间分离。

三、制定道路系统规则

针对星火村道路系统不完整、路面条件差、交通不畅等现状问题，对现有道路进行整修，充分利用现有条件，在原有道路的基础上，创造便捷的交通环境和完善的道路网络。

星火村道路分为主路和巷路两级。主路以机动车交通为主，规划路面宽度为6米，道路红线宽度为10米；规划巷路路面宽度为4米。

四、绿化系统规划及详细方案

（一）绿化系统规划

绿化是优化村庄环境的重要因素，是星火村规划的重点。设计中最大的特色是道路绿化以果树为主，选用的树种多为常用的乡土果树，并配以叶色叶形丰富的植物，强调色彩、植物形态和季相变化，创造活泼的视觉效果和时空景观的趣味性，以多姿多态的果树景观，将星火村打造成为具有朝鲜民族特色的“果园下的朝鲜族村落”。

（二）详细规划方案

1. 景观轴线

利用村内道路两侧的绿化带，串联成多层次连贯的视觉通廊，形成星火村村十字交叉的景观轴线，使星火村各地块之间有良好的景观联系。

2. 树种选择

植物种植兼顾远观与近赏的尺度感，每一条路均以主调树种形成统一感和主色调，每条道路按不同的风格进行植物搭配，充分利用多种植物的不同形态、色彩，以形成不同的道路种植特色，营造气势磅礴的景观效果。在不同的环境中展现、创造各异的植物景观。在植物配置上以适合本地生长的黄太平、山楂树、山丁子、李树、沙果树为基调树种，突出果园下的朝鲜村这一效果，适当搭配一些开花有色树种，如金叶榆、丁香等，让累累果实的朝鲜族村更富生机。

3. 绿地

本新村绿化系统由点、线、面三个层面组成，通过中心绿地、带状绿地、道路绿地、庭院绿地形成新村绿化体系。中心绿地位于村委会东侧，结合门球场，以草坪为主，布置一些建筑小品；带状绿地主要以入口景观绿化为主，为提高新村整体环境，规划在每条路的道路绿带上种植特色果树。与此同时，在点、线、面三个层面的绿化系统中，以道路绿化系统为主干，以带状绿化系统为重点，在宅前屋后以面状绿化系统为实体，分工合作、相辅相成、共同形成新村优美的绿化环境体系。

4. 主入口景观

规划以轻盈生动的园路作为景观主体，通过景观构筑物、灯具、花坛等作为延续空间的要素，与主入口朝鲜族村的大门、绿地等融为一体，形成新村景观视觉中心。景观广场则采用硬质铺装，辅以朝鲜族小品、花架、花台围合而成。

综上所述，通过对星火村规划结构及功能分区的阐述，进而对道路系统规划及绿化系统规划等都做出了详细的规划方案，突出了园林设计对打造特色村落的重要性。

第四节　室内设计与特色小镇建设的融合发展

文化旅游产业发展的热潮与特色小镇建设热潮的碰撞催生了文旅型特色小镇的发展。文旅型特色小镇的建设迎合了人们旅游需求的转变，满足了体验经济时代人们对自然与当地文化体验的需求。

在文旅特色小镇的建设中，民宿几乎已经成为一种标配。文旅特色小镇的打造依托当地的自然与人文资源，民宿的建设在打造特色小镇过程中，充分利用融合自然与人文资源，为满足游客对自然与人文风情的体验需求提供了切入点。例如，深圳华侨城在全国多地推动特色小镇建设，几乎都涉及了民宿的打造。无论是莫干山民宿小镇、河桥民宿小镇这类完全以民宿为主导的文旅特色小镇，还是其他类型的特色小镇，都离不开民宿的打造。民宿是串联小镇中多种旅游元素的关键节点，是整个特色小镇构建的核心部分。

通过整合形成一个较为完整的生活链条，民宿可提供住宿、餐饮、当地文化体验、文创产品销售等多种功能和价值。民宿不但是实现特色小镇旅游价值的重要产品载体，也是特色小镇进行“特色”塑造的重要来源，更是文旅特色小镇进行文旅产业集聚的重要平台。本节以祁东黄花小镇民宿室内设计为例，介绍了室内空间的设计理念、设计策略、规划布局等。

一、空间设计理念

（一）以实现空间功能为根本

针对当今游客的生理与心理特征，设计并完善空间功能，通过创造体验空间、展览空间等公共空间，促进人们之间的交流，让空间成为记录全过程的载体。民宿的空间情感语言通过游客在空间中的体验、联想与想象实现。

（二）以营造空间精神为导向

搜集地域文化元素表现在空间中，空间承载独具特色的乡土文化记忆，进而使得空间精神被感知。通过游客本能层次对空间色彩、材质、灯光、造型的感知；在行为层次上对空间功能的体会、文化的体验；在反思层次上对以上感知、意识的思考和思想与情感的交融来实现空间精神的营造。

（三）以激发情感共鸣为方法

以游客大脑感知为研究对象，通过一系列的场景体验以期让游客对空间产生情感共鸣，留下深刻的印象。

（四）以回归乡土记忆为目的

在新建的民宿空间进行文化的再现，空间虽然从室外换到了室内，但是，文化本质依旧存在。民宿空间唤起了成年人的儿时记忆，仿佛时光倒流回到从前，以此实现乡土文化记忆的回归。

二、项目设计策略与空间规划布局

（一）设计策略

1. 整体性融入小镇环境

在一定的地域范围内，民宿要从整体上尊重当地的乡村环境，建筑与室内空间要做到从造型、材料、肌理、色彩等方面在环境中不突兀，所进行的人物活动也要融入周边环境。借鉴所谈案例中德清县莫干山“裸心堡”的民宿设计，“裸心堡”为了体现建筑与环境的整体性，将环境中随处可见的沙石应用在民宿的外墙面上，实现了建筑与环境的互动。同时，将室内空间完全置于空旷的外部环境中，大面积玻璃窗使得室内与室外的景色、空气相互结合。

黄花小镇整体民居翻新的平房较多，少数却仍为青瓦坡屋顶的红砖墙老民居房。民宿从这些老民居房的元素中提取了具有地域特色的元素，用在室内外的设计中，使民宿整体融入小镇环境中。民宿中的主要农事体验活动符合黄花小镇的产业特征，民宿中的黄花菜制作体验是当地村民世代所做的事情，虽然空间换了，但是人们进行的活动依旧没变，反而将其传播开来，促进了当地黄花菜产业的发展，挽救了日渐衰败的乡村小农经济，促进了乡村经济的发展，提升了村民的文化自信。

2. 个性化打造民宿特色

民宿不仅需要整体融入小镇环境，也需要个体建立特色，打造核心竞争力，具备独特吸引力。乡村情境的营造很大程度来源于民宿中的体验活动，在民宿中强调公共区域的灵活性，使得游客融入其中并进行深刻的交流。

黄花宿在满足食宿的同时，加入多维的体验项目，不仅可以让游客感受黄花小镇的悠久历史、民俗习惯，也可以开发田间教育活动，让来自城市的游客以自然为教室，在玩乐中记忆，深刻认识乡村的生态环境和传统文化。

本书参考情感化设计中人的大脑接受新事物的三个层次讲述民宿的空间设计。人本能层次的感知来源于初步印象，即对空间的外观反应，如民宿的造型、所用材质、色彩肌理等因素；行为层次的感知来源于对空间使用与体验过后的反应，如游客参与采摘黄花菜、蒸黄花菜、晾黄花菜、在客房休息等；反思层次是人的大脑思考与推理的过程，游客体验过后会进行意识、思想、情感的交融，得出新的想法或者结论，比如是否对特色小镇产生新的看法、是否会再来旅游等。

（二）整体空间规划布局

1. 功能分区

黄花小镇民宿设计呈围合院落的形式，客房区、餐饮区、体验区各为一个建筑体，其间的夹院作为休闲空间和辅助道路使用，再加上绿化草坪与树的隔离，保证了民宿动静分区、干湿分区的顺利进行，在为游客提供优质的体验活动的基础上也为客房区提供了一个安静的氛围，实现室内与室外的和谐。基于人文的原则，一层主要以体验农事为主，二层划分出休闲区与茶室，供体验过后的游客休息、进行内心沉淀并引发思考，同时满足行为层次和反思层次的体验。一层与二层的静区即客房区均集中于西侧，保证游客在休息时不会受到干扰，能够为游客提供良好的休息与反思的环境。

2. 交通流线

总平面的交通流线跟随游客的行进动线。当游客进入民宿院落，体验区的透明玻璃房就直接地展现在游客的眼前。游客可跟随动线直观地了解黄花菜采摘之后所经历的制作流程，即装笼、隔水干蒸、冷却、晾晒四个流程，分别在装笼区域、蒸煮区域、晾晒区域三个区域进行。蒸煮区域包括隔水干蒸和冷却两个制作流程，当走到尽头，游客便到达了民宿接待厅门前，办理入住之后可直接进入自己的客房休息。餐厅与体验区相对而望。游客在休息好之后，客从客房出到黄花餐厅用餐，也可先到体验区自行制作黄花菜并到餐厅旁边的厨房自行加工后食用，亲身体验黄花菜从农场到餐厅的过程。民宿的后勤工作人员由后门进入，除了公共空间需要后勤人员的参与，其他区域的动线尽量与游客的行为动线不冲突。在立体交通流线中，考虑消防通道在民宿中也是必要的，所以两层客房区设置了主要通道与安全通道。两个通道直接与庭院连接，保证游客入住期间的便利性与安全性。

项目遵循设计策略进行平面图的规划，考虑体验区的人流动线较为复杂，将客房区与体验区、餐厅完全隔开，不仅保证了客房空间的私密性，而且保证体验区动线和餐厅动线互不受影响。在进行交通流线设计时，在两层的民宿中安排两处楼梯通道的设计，在危急情况下，消费者的安全性可以得到保障。在打造个性化民宿空间时充分考虑公共空间的重要性，在营造良好的客房环境的同时打造了独具特色的民宿体验。民宿的空间规划布局充分结合消费者的需求，在保证基本人流动线、功能分区完善的基础上，满足了游客的精神需求。

第六章　特色小镇案例分析

本书第六章为特色小镇案例分析，介绍了西湖艺创小镇、弥渡密祉音乐小镇两个主要的案例。希望通过对这两个案例的介绍，读者能够从中总结出成功艺术小镇发展的共同之处，从而掌握特色小镇建设的规律。

第一节　西湖艺创小镇案例分析

文创产业带动能够满足人们的审美和观感，产生经济效益带动产业发展。西湖艺创小镇是杭州市首批创建的十个示范特色产业小镇之一，先后被列入第二批浙江省特色小镇创建名单和浙江省级特色小镇创建名单（2018），因为设计 G20 杭州峰会标识、世界互联网大会会徽、杭州西湖音乐喷泉、杭州武林广场 3D 裸眼光影秀而广为人知。

一、西湖艺创小镇发挥区位优势

西湖艺创小镇地处西湖区之江板块核心地带，是西湖（之江）文创发展的主要平台之一。西湖艺创小镇位于杭州西湖区西南角转塘街道，象山脚下和西湖群山之中，东至杭富路，南至中国美术学院龙山校区南侧，西至灵龙路，北至转塘横街。西湖艺创小镇为长三角经济带 2 小时经济圈，距杭州绕城高速入口约 1 千米，距高铁站约 20 千米，距火车站约 15 千米，距机场约 35 千米，距上海约 180 千米，320 国道穿境而过，地铁 6 号线在小镇有两个出入口，至西湖约 30 分钟车程。

西湖艺创小镇规划区域 3.5 平方千米，建设用地 1.16 平方千米，创建范围包括中国美术学院龙山校区、象山校区，中国美术学院（创意）园，浙江音乐学院，环美院产业带，总投资规模 165 亿元；以“艺术＋”为核心，围绕象山、龙山、狮山三座山体进行功能分区布局，依托中国美术学院、浙江音乐学院、西湖大学三所高校，以艺术生活为主题，以生产城市融合、生产研究一体、整体众创、众创众享作为发展方向，整合设计、绘画、雕塑、建筑、新媒体、音乐、动漫、舞蹈等艺术门类，通过“美育塑造”“文创智造”“生态织造”，推动艺术创意向社会生产转化，促进文化消费的拓展与升级，壮大文化创意产业，打造“艺术教育社区”“文创设计高地”“艺术生活家园”，建设一个融合文化创意设计、艺术展览表演、社会群体经济、时尚潮流消费和特色旅游五个方面的新型特色小镇。

西湖艺创小镇总体布局：“艺术＋”四大平台。小镇建筑、生态环境、创意环境都要体现现代艺术风格，打造创业创新平台、人才培养平台、艺术交流平台、文化旅游平台等四大平台。创业创新平台包括企业孵化器（核心是中国智造中心）和创新设计工业区（核心是美院风景建筑设计集团）；人才培养平台包括国内复合型高端艺术人才培养基地（核心是中国美术学院和浙江音乐学院）和政府生产研究综合服务平台（核心是国家大学科技创意园）；艺术交流平台包括艺术展览交流区（核心是中国美术学院博物馆）和世界美术学院年度联展；文化旅游平台有时尚艺术体验区（核心是象山艺术公社）。

西湖艺创小镇创建模式：政府主导、两院参与。西湖区（之江国家旅游度假区）主导，中国美术学院、浙江音乐学院参与共同创建。

二、西湖艺创小镇在旧厂房中生长文化产业

（一）从旧厂房发展成为西湖艺创小镇

西湖艺创小镇源于转塘双流水泥厂，20 世纪 90 年代双流水泥厂停产。2000 年后，北京的原国营 798 厂老厂区改造成为“798 艺术空间”。1929 年，上海的东百老汇路协隆洋行仓库转型为“1929 艺术空间”，皆取得成功。2008 年，西湖区将水泥厂房改造成为创意产业园，取名“凤凰·创意国际”，后来又改名为“之江创意产业园”。之江创意园不断扩展，增加了象山艺术公社、凤凰创意大厦，入驻企业多达上千家，文创产业规模逐步扩大。2016 年，之江文化创意园改名为“西湖艺创小镇”，列入省第二批特色小镇创建名单。

（二）建立了文创特色优势

经过十多年的发展壮大，之江创意园成为小镇核心平台，设计、动漫游戏、

传媒、信息服务等文化创意产业成为核心主导产业，科技创新企业扎堆入驻，形成创新和产业集聚优势。有2088多家企业入驻小镇，其中有时光坐标、黑岩科技、中视精彩、北斗星等1700多家文创企业，有7家企业估值超过亿元，高科技企业有300多家。众多企业带来人才集聚，企业和研究机构集聚1000多名文化创意中高级人才，国内外硕博人才200多名，国千、省千人才也长期在小镇工作。小镇拥有58家教育培训机构，西湖艺创小镇形成了完整的文创产业生态链，成为“文创设计高地”。

（三）抓住机遇，连续升级

2007年，艺创小镇入驻企业少，工业萎缩，旅游惨淡。2008年，中国美术学院象山校区开始招生，艺创小镇的前身之江创意产业园启动。随后，围绕美院的艺术教育培训产业蓬勃兴起，“艺术教育社区”逐步形成。2015年，浙江音乐学院入驻艺创小镇，“小镇＋美术＋音乐”合作，由政府主导、中国美术学院和浙江音乐学院参与运营的“艺创小镇”呼之而出。

（四）注重活动运营

小镇通过举办活动增加、聚集人气，提供人才交流、借鉴的场所，开辟人才的视野，碰撞出创新的灵感火花。大型文创活动对高端创意与设计人才具有磁石效应，成熟的产业链、产业生态圈、文化生活圈对文创人才具有留居的吸引力。小镇每年举办近300场文化艺术和产业类活动，举办形式和内容包括展览、音乐会、沙龙、讲座、艺术周等，已经形成良好的文创产业生态。

三、艺创小镇的发展折射出杭州文创产业的蓬勃朝气

浙江省将文化创意产业视为八大万亿产业之一。2018年6月，省政府发布了《之江文化产业带建设规划》（浙政发〔2018〕27号），把杭州市规划为文化创意产业的领导者和中心。近十年来，杭州市文化创意产业产值增长迅速，从2007年的432亿元，增长到2018年的3347亿元，文创产业占国内你生产总值比重从10.5%增长到24.8%，达到了世界创意产业发达城市水平。杭州市把文化创意产业作为战略新兴产业重点发展，2018年9月出台《关于加快建设国际文化创意中心的实施意见》，提出了到2022年文化创意产业产出达2万亿元的目标，实施传

统文化继承发展的文化固本工程、建立文化创意产业优势的行业引领工程、构建产业发展的平台建设工程、做优做强市场主体的主体培育工程、产出精品之作的内容生产工程、创新投融资的文化金融工程、培养专业人才的人才培育工程和实施国际化战略的开放带动工程等八大工程，把杭州建设成为“全国领先、世界前列”的国际文化创意中心。杭州市政府于 2018 年 11 月 20 日发布了《杭州市之江文化产业带建设推进计划（2018—2022 年）》，围绕之江文化产业带“一带一核五极多组团”的空间发展模式，重点培育 6 个产业水平为百亿元的文化产业集群，实现之江文化产业带引领杭州文化创意产业的战略目标。[①]

杭州于 2007 年前后经济转型升级压力巨大，经过十多年的发展，经济结构调整成功，建设了十大文化创意产业园，文创产业翻倍性发展，成为动漫之都。十大文化创意产业园是：西湖创意谷，始于“开元 198”，于 2007 年 4 月 22 日在杭州西湖大道与定安路路口的开元中学旧址上创建；之江文化创意园，始于凤凰·国际创意园，于 2008 年 4 月 7 日在双流水泥厂旧厂房中创建；西湖数字娱乐产业园，始于西湖数字娱乐产业园，于 2004 年文一西路 75 号一幢楼中创建；运河天地文化创意园，于 2008 年在 1958 年所建的杭州化纤厂旧厂房中创建，现在改名称为 LOFT49；杭州创新创业新天地，于 2015 年在杭州重机厂旧厂房中创建；创意良渚基地，2015 年于中国良渚文化村片区和良渚城镇一期行政商务片区中创建，现在已经转型成为梦栖小镇；湘湖文化创意产业园，于 2015 年在休博园威尼斯水城区块中创建；白马湖生态创意城，于 2007 年在白马湖区块中创建；西溪创意产业园，于 2009 年在杭州西溪国家湿地公园桑梓漾区域中开园；下沙大学科技园，于 2007 年在杭州经济技术开发区内创建。

艺创小镇建设源于市场对文创文旅的需求。人们对美好生活的需求成为市场的主旋律，美好生活的需求改变了人们的消费方式、消费内容。《CCTV 经济生活大调查》的消费意愿排行榜前十名中，旅游、文化娱乐连续多年居于榜首。市场需求是产业兴起的基础和动因。

① 杭州市人民政府网．杭州市人民政府关于印发杭州市之江文化产业带建设推进计划（2018—2022 年）的通知．[EB/OL].（2019-01-16）[2022-11-21].http://www.hangzhou.gov.cn/art/2019/1/16/art_1620754_4491.html.

第二节　弥渡密祉音乐小镇案例分析

一、音乐小镇产业要素规划

（一）旅游集散地规划

1. 旅游集散地体系

旅游集散地是旅游者的产生地和旅游客源辐射中心，同时也是旅游管理中心和旅游服务接待中心。结合弥渡县旅游资源分布特点和旅游业发展水平，在充分依托大理市旅游集散和旅游辐射功能的同时，对弥渡县旅游集散地二级体系进行规划。在规划期内，构建弥渡县的二级旅游集散地系统。

一级旅游集散地，是县域范围的游客的集散中心。可进入性好，并在食、住、娱、购、行、游等方面具有较高档次、较大容量的接待设施，并且水、电、通信、医疗卫生等相关基础设施也具有相当规模和水平，同时与各主要旅游区的交通联系较好。

二级旅游集散点，主要是为旅客在深入各旅游景点之前，作暂时的休整或停歇而设。一般地处各个旅游景区，有公路与县城旅游集散中心相通，具有停车、餐饮、通信等基本的旅游集散地服务设施。

2. 旅游集散地布局

一级旅游集散中心，弥渡县城、密祉旅游小镇。弥渡县城作为全县的政治、经济、文化中心，拥有较强的旅游辐射能力和旅游接待能力，在确立县城为弥渡县一级旅游集散中心后，应当按照旅游业发展的要求来不断提高县城的旅游接待能力和旅游集散能力。同时，在发挥县城旅游集散功能的同时，不断地挖掘县城的旅游发展潜能，将县城建设成旅游宣传的窗口。密祉作为云南省首批旅游小镇建设项目，是弥渡县的旅游次中心，以音乐旅游小镇为主题、通过基础设施建设、旅游街区改造、旅游景观开发等措施，逐步将密祉建设成为云南省的旅游名镇。

二级旅游接待站，太极顶、东山森林公园、天生营景区，作为各个旅游片区的游客集散中心，是旅游景区的游客服务站，主要强调对游客的旅游服务功能和旅游咨询功能，解决游客在旅游中所面临的一些临时需求，并且进行旅游景区的宣传工作和推介工作。

3. 旅游集散地建设

（1）弥城旅游休闲中心建设

弥城镇作为弥渡县的中心城市，依托地理位置优越、旅游资源丰富、基础设施较好等条件，以两大温泉（双龙温泉、金龙温泉）为龙头、以两大景区（铁柱庙、天生桥）为配套、以旅游街区（酒吧街、餐饮街、商业城、文化广场）为重点，通过城镇化建设、基础设施建设、交通条件改善等方式，将其建设成为全县的旅游发展中心、大理州的旅游新亮点、温泉养生新兴旅游基地。

（2）密祉音乐旅游小镇建设

密祉作为云南省首批旅游小镇建设项目，依托悠久的历史文化、灿烂的花灯歌舞、优美的自然环境等条件，以三村（大寺村、永和村、莲峰村）为龙头、以一坝（密祉坝子）一景（小河淌水景区）为重点、以一园（梨园）一河（亚溪河）为配套，通过古镇改造、博物馆建设、景区提升、游览道路建设、绿化美化等工程，将密祉打造成为大理州的音乐主题旅游小城，云南省的音乐魅力旅游小镇。

（3）三个旅游接待站建设

旅游接待站作为旅游区的接待基地，为游客提供咨询、接受投诉、导游指南等服务，并配置些工艺品、食品饮料、电话亭、导游服务、旅游公厕、生态停车场等设施。接待站建筑面积为 500 平方米。

（二）旅游交通规划

1. 旅游交通发展现状

弥渡县的交通运输主要依靠公路运输，通过“十一五”期间公路修建的高潮，目前基本形成以国道为主骨架、以县乡公路为支干、以乡村公路为筋络，辐射全县、干支相连、城乡相通的公路交通网络。2008 年，祥临高等级公路弥渡段已竣工通车；同年，弥渡县也已全面完成果河公路城市段主体工程、建安路一期工程建设和建设路东段、文笔路北段，启动县城南片区彩云路、祥和路、中和路、人和路南段、毗江路延长线建设。至此，弥渡县的内部交通、外部入境交通已大大完善，为旅游业的发展提供了良好交通基础条件。

2. 旅游交通发展目标

在规划期内建设快速、便捷、舒适的旅游交通运输网络，构建各种交通方式有机协调、交通设施结构合理、旅游交通线路设计科学的旅游交通格局，彻底解除交通滞后给旅游业造成的制约，促进弥渡县旅游业的可持续发展。

3. 旅游交通发展要点

根据弥渡县旅游交通条件和旅游增长需求，按照以祥临高等级公路、国道214线、果河公路为骨架的“三纵”，以县、乡道为依托，以国道320线、密祉乡——太极顶油路“二横”为重点的道路改造布局。

第一，将三条公路作为弥渡县旅游发展的关键性布局公路。一是楚大高速九顶山——弥渡一级公路，二是密祉——太极顶旅游公路，三是苴力——牛街的一级公路。对于这三条公路，既需要在现有条件上提高其等级，又需要对公路两侧进行美化绿化，还需要在公路沿线布置旅游休闲设施。

第二，充分利用好214国道、祥临高等级公路，做好沿线各旅游区与214国道和祥临高等级公路的对接工作，改善各旅游区与214国道和祥临高速连接道路的等级、路况。

第三，在纵向上，公路果河线、苴德线等几条公路是县内的主要交通线路，关系到弥渡县内各旅游区之间的联合开发和整体发展，对于游客在各旅游区之间的转移和客源的共享具有重要的意义。

第四，不断强化道路的绿化美化工作，重点改造各出入口路段；不断提高旅游交通工具的档次，增加旅游道路配套设施；不断提高交通组织管理水平，保证旅游交通网络的高效运行。

（三）旅游住宿规划

1. 住宿设施发展现状

弥渡县现有旅游住宿设施表现出数量少、规模小、档次低等突出问题。

针对目前状况，归纳出弥渡县旅游住宿设施主要存在以下几方面的不足：

（1）住宿设施数量不足，规模偏小

全县共有各类各级具有接待功能的住宿设施13家，床位数800张，标间178间。规模最大的弥渡宾馆标间数也只不过54间，其余各个宾馆、饭店规模都非常小，如此少和小规模的旅游住宿接待设施目前也很难满足本县和相邻县区居民旅游观光的住宿需求。

（2）住宿设施分布不平衡

根据目前对弥渡县旅游住宿设施的统计情况来看，所有住宿资源全部分布在县域中心区弥城镇，而相应的红岩镇、密祉乡、牛街乡等乡镇几乎没有旅游住宿设施分布。

（3）住宿设施档次偏低

全县共有的 13 家住宿设施中，仅有 1 家二星级饭店，3 家涉外饭店。住宿设施共 800 张床位，其中普通标间的床位数仅占 44.5%，其余 55.5% 的床位是招待所、旅馆等多人间。这种状况不仅在设施的完备程度、内外装修、建筑物形象以及服务项目、服务水平等方面与发展旅游的要求形成巨大差距，而且极大地限制了以团队为主的旅游者消费。

（4）住宿设施设备不足、功能单一

旅游住宿设施不仅要有适当的规模、数量，还必须有一定的质量，在配套设施上应有各种档次，以满足各类游客的不同旅游需求。弥渡县的住宿设施以招待所、普通旅馆为主体，配套设备不足，附属功能单一、落后。

（5）住宿设施所有制结构不合理，多呈单体经营状态

弥渡县内住宿设施所有制结构比例如下：集体企业 5 家、个体经营 6 家、股份制 2 家。集体所有制和个体私营企业占了全县旅游住宿设施的 84.6%，而采用现代企业制度股份制的企业只占 15.4%，比例非常小。

2. 住宿设施建设目标

弥渡县旅游住宿设施建设的基本目标是：以市场需求为导向，以突出住宿设施的度假休闲特色为出发点，合理调控住宿设施的总量、结构和布局，在全县范围内形成高中低档结合、类型多样、区域布局合理的住宿设施体系。

3. 住宿设施建设要点

（1）建设部分高星级饭店

兴建 2～3 家四星级饭店，作为弥渡县领域接待的标志性设施，以全面提升弥渡县旅游住宿业的档次，高星级饭店选址主要集中于弥城镇。

（2）开发产权式温泉房地产

开发温泉房地产，以产权式酒店的方式进行开发和销售，将度假饭店与居住地产结合起来，拉动弥渡县的房地产发展。同时可尽量减少饭店经营的季节性不平衡状态。

（3）发展特色度假住宿设施

对现有住宿设施进行改造，在形式上体现休闲氛围的营造，在功能上突出度假设施的特点，在风格上反映地方文化，如民居客栈、主题型精品酒店、家居式旅馆等，使弥渡县的旅游住宿设施本身就成为一道景观。

（4）开发基营式住宿设施

在较为偏远的地区，可以采取建立野营基地的形式来开发临时性的住宿设施，如汽车营地、田间帐篷、农舍小居等。

（四）旅游餐饮规划

1. 餐饮业发展现状

弥渡县目前除县城几个宾馆饭店附设一些餐饮设施，其余多为当地老百姓消费的社会餐馆，通常规模不大。在发展旅游业方面弥渡县目前餐饮设施存在以下问题：

（1）餐饮设施数量不足，规模不大，特别是无旅游定点餐馆

弥渡县各大宾馆饭店附设的餐厅餐位数量不多，就餐规模较小，同一时间内能容纳的就餐人数尤其是团队旅游受到限制。现在全县内没有一家旅游定点餐馆，散布的社会餐馆可以接待散客旅游者，但很难接待团队旅游者，而且其服务质量、服务规范等方面都没有达到旅游定点餐馆的要求。

（2）品牌餐饮产品较少，大部分餐饮产品缺乏竞争力

弥渡县的大多数餐馆以经营农家常菜为主，大同小异，缺乏本地的“招牌菜”和“拳头产品”。虽然弥渡县拥有弥筋卷蹄、弥渡腌菜、珍珠蒜、曹氏卷蹄等知名产品，但是弥渡县没有树立起自己的餐饮品牌，未能充分发挥食品的传统配方和制作方法。因此，充分挖掘农副产品优势、打造弥渡知名餐饮品牌任务艰巨。

（3）餐馆店容店貌欠佳，餐饮设施和就餐环境欠佳

大多数餐饮企业（包括饭店、招待所的附设餐馆和社会独立餐馆、酒楼）经

营观念滞后，餐饮产品较为单一；就餐环境设计欠佳，餐饮设施陈旧；大多数餐馆缺乏文化含量。

2. 餐饮业发展目标

弘扬传统食品的制作工艺，开发具有弥渡特色和大理特色的美食系列，形成饭店餐饮、社会餐饮、特色餐饮互补，集餐饮、娱乐、文化、休闲于一体的旅游餐饮服务体系，使弥渡县成为大理州的旅游餐饮特色县。

3. 餐饮业发展要点

（1）构建饭店餐饮、社会餐饮和景区餐饮为框架的旅游餐饮体系

在餐饮开发方向上实现饭店餐饮高档化、社会餐饮大众化、景区餐饮特色化。在餐饮设施建设上，弥渡县要开设高档次的饭店餐饮，开辟特色美食街区，在各大旅游区均应配套景区餐馆。

（2）建设酒吧、美食、娱乐、休闲街区

应把目前弥渡县城社会餐饮比较集中的区域开辟为特色美食休闲街区，一条街以酒吧为特色，另一条街以餐饮为特色。将民族餐饮、文化餐饮、商务餐饮、大众餐饮为主题划分不同的餐饮小区。

（3）注重餐饮文化建设

应与食品卫生部门合作，确保各餐馆、餐厅出售的食品新鲜、卫生。有关政府部门应拨出专款对那些掌握地方特色菜的厨师和民间人士进行一定的补贴，以提高他们挖掘和制作地方特色菜肴的积极性和创新精神、并促使地方菜肴能够更好地传承下去。

（4）加强餐饮品牌的建设和宣传

应举办由政府部门协调，各相关企业参加的美食节，协助有条件的企业和个人参加省或其他部门举办的美食节，以达到提高弥渡美食的知名度，提高销量，锻炼从业人员的目的。

（五）旅游娱乐规划

1. 娱乐业发展现状

（1）弥渡花灯红遍全县，享誉全省

在县政府提出“唱响《小河淌水》，跳红弥渡花灯”的号召下，大力弘扬花

灯文化，花灯已成为各村寨、男女老少、喜闻乐见、积极参与的群众性文化活动形式。“十个弥渡人，九个会唱灯”的说法已传遍全省，弥渡已是公认的“花灯之乡”。因此，弥渡县花灯歌舞具有广泛的群众基础，但是为旅游业所利用的歌舞文化资源并不多。

（2）现代娱乐场所数量不多，规模不大

县内大多数娱乐场所都是小规模个体经营，仅能基本满足当地居民平时休闲娱乐的需要，但是很难引起旅游者娱乐的兴趣。在景点景区几乎没有富有特色的娱乐项目，这将大大降低弥渡旅游在旅游者心目中的形象，造成不良的后续效应。

（3）娱乐项目和内容缺乏新意和吸引力

弥渡县大部分面向旅游者的娱乐设施项目传统老化，如保龄球、台球、泳池、棋牌、卡拉 OK、泡温泉等，无法让旅游者在心理上产生强烈的好奇感、参与感，也就难以激发起消费热潮。而能够展示地方民族特色和富有时代气息的新型游乐项目十分少见。

2. 娱乐业发展目标

以体现现代文化和地方传统文化为原则，加强对现有文化娱乐场所的管理、重点完善城镇公园、广场、戏剧场等旅游文化设施，在全县形成参与性强、品位高、类型齐全、管理规范的旅游文化娱乐业体系。

3. 娱乐业发展要点

（1）营造夜生活旅游环境氛围

在县城建设酒吧一条街开辟酒吧、咖啡厅、茶楼、舞厅、夜总会、美容院等娱乐休闲街区；在旅游定点餐馆引入民族歌舞表演、器乐演奏、弥渡花灯等，将餐饮文化与歌舞文化有机结合。

（2）挖掘和弘扬传统历史文化

举办多种形式的以弥渡民歌、花灯为主题的娱乐文化活动，以唱响《小河淌水》为切入口，深入开展群众文化、社区文化、街道文化、校园文化和节日活动。

（3）开发康体运动旅游娱乐产品

以健康为核心，开发高尔夫球、保龄球、网球、足球、健身房等康体运动场所和设施，提供高档次康体运动产品。

（4）发展社会公共休闲设施

如兴建城镇广场、滨水走廊、城市雕塑、绿化空间，既塑造了县城形象吸引旅游者，又改善了当地居民的生活环境。

（5）开展滨水型娱乐项目

如水幕电影、潜水、水底游览、划船、悠波球等。

（六）旅游购物规划

1. 商品购物发展现状

旅游购物消费作为旅游业六大组成要素之一，其开发空间较大，旅游购物业的发展能够极大地促进当地经济的发展，为当地建设积累资金。目前，弥渡县除县城内普通的百货商店和各种小商品经销店外，没有专门的旅游定点购物商场，这种不利的现状需要改变。

目前，弥渡县在旅游购物品方面存在以下问题：

（1）旅游购物品种类不多，特色不明显

弥渡县现有的旅游购物品主要是农副产品，缺乏更多有地方特色的工艺品和旅游纪念品，文化科技含量低。而且，很多旅游购物品与周围相邻县区有许多类似的地方不具有地方代表性。许多旅游购物品仅仅是初加工质量不高。

（2）缺乏相应的旅游商品生产企业，竞争力不强

旅游购物品生产大多数是低技术含量的劳动密集型行业，市场进入壁垒低，中小资金可以自由进出，弥渡县应积极发展相关的旅游商品生产企业。一些在景区景点的旅游购物品经营者大多数采用小摊点、小铺面、小作坊的方式经营，顾客的选择余地较小。因此，旅游商品存在较大的发展空间。

（3）缺乏有品牌影响力的旅游购物品

弥渡县的旅游购物品不仅种类少，而且大多数没有形成品牌，消费者购买时很难区分、辨别。品牌对于商品来说是一个标志，是一种无形的宣传，也是消费者心理需求发展的趋势，没有形成品牌的商品就不会有太多的忠实消费者。

2. 商品购物发展目标

实施“理想购物工程”，以文化挖掘和技术创新为中心，实现旅游商品开发的系列化、规模化、精品化，在全县形成商品种类齐全、销售网点布局合理、市场管理科学的旅游购物网络。

3. 商品购物发展系列

根据弥渡县的资源优势和地方特产状况，开发三大旅游商品系列。

（1）食品类

加大力度开发弥渡的卷蹄系列产品，争创弥渡卷蹄、曹氏卷蹄名牌，丰富卷蹄产品的种类，可以有整支装的、也可切片、袋装、罐装或用有特色的竹编篮子装，保证口味纯正；以享有一定声誉的弥渡腌菜为龙头，扩大宣传其他咸菜制品、选料可以多样，制作工序考究，注重口味，特别是已具备一定规模的弥渡太极食品厂扩大现有市场规模和声誉；开发以各种水果和蔬菜为原料的纯生态绿色食品，做成果脯、罐头等；继续开发四方食品工业有限公司生产的新型调味食品“青芥辣”，其具有独特的清香味和极强的杀菌作用，于 2000 年 6 月获得了由国家科技部等五部委联合颁发的《国家重点新产品证书》；进一步发挥弥渡县得天独厚的农业资源，以当地的南瓜、大蒜等为原料，开发南瓜粉、南瓜片、大蒜粉、大蒜片等系列产品。

（2）旅游纪念品

旅游纪念品需求量大，市场最为广阔。设计时最重要的是具有识别性，既要增强旅游者留作纪念的购物心理，同时也要起到长久性的宣传作用。弥渡县可利用一些“古老的特产”，利用“生态”材料，如草、木、竹、毛、骨等原料，结合特色的民族工艺，依据纪念品的消费潮流，设计开发一批轻便易携带、价格适中、美观大方、易保存的旅游纪念品，如民族“礼品袋”等。

（3）文化产品类

录制弥渡山歌小调、花灯的音像制品，如民歌《小河淌水》《弥渡山歌》《磨豆腐》《双采花》《送郎参军》和花灯《绣荷包》《十大姐》《十二月花》《新春乐》等，丰富群众的文化生活，传唱弥渡民间音乐，弘扬弥渡特有的花灯文化。

4. 商品购物发展要点

（1）培育旅游商品市场

在弥渡现有的商品市场基础上，整合各种工艺品、土产品、纪念品等，以青螺古坊为载体，形成弥渡县的旅游商品市场。

（2）建设旅游购物中心

可以县城的游客服务中心为依托，建设一个旅游购物中心，该旅游购物中心可与商品步行街结合，在各个旅游景区建设旅游商品零售点，形成全县旅游商品销售体系。

（3）注重旅游商品开发与生产

加大政府的扶持力度，注重旅游商品的研发和包装。在加工上，把传统工艺与先进工艺的引进相结合，提高生产技术和工艺水平；在包装上，注重艺术性、纪念性、民族性、便携性、礼品性；在设计上，注重市场调研、游客特征、消费模式、购物心理等因素。

（4）扩大旅游商品营销渠道

在已有的营销方式基础上，开辟网上促销、网上预订和网上支付的电子商务功能。利用各种旅游节、旅游展销会的机会，进行旅游商品的整体宣传。

二、小镇发展保障策略

（一）旅游资源与环境保护

1. 资源环境保护目标

（1）保护原则

①系统保护原则

弥渡县旅游产业建设是一个综合的产业发展系统，因而旅游资源与环境保护不仅包含了旅游资源及其周围的生态环境，而且还包括了整个弥渡县的自然与人文环境，在旅游产业建设发展过程中，必须树立“大旅游，大保护”的原则，用系统的眼光对整个县域的旅游资源及环境进行系统保护。

②区别对待原则

根据弥渡县旅游规划的总体布局与功能分区，对各分区的旅游资源及环境保护结合各旅游景区（点）的景观特征和区域背景来确定合理的、可操作性强的管理措施和方式，区别对待，因地制宜。

③阶段实施原则

旅游资源与环境保护是一个长期的、复杂的系统工程，在地方旅游业发展的不同阶段，所面临的旅游资源与环境问题和保护目标是不同的。因此，弥渡县有必要制定阶段性的旅游资源与环境保护目标、防治重点和保护措施，分期实施，以推动整个县域旅游资源与环境保护总目标的逐步落实。

④社区参与原则

旅游产业的发展会带动整个弥渡县经济社会的发展建设，会促进整个县域人们生活水平的提高。同时，旅游资源与环境的保护也需要社区的共同参与，需要整个县域人民的共同努力，人人都要有保护资源与环境的意识，担负起保护资源与环境的责任。

（2）保护目标

①总体目标

弥渡县旅游资源与环境保护的总体目标确定为：在本着保护优先，人与自然和谐发展的原则下，通过各种可行的方法和手段增强各级、各部门及全县人民的环保意识，制定环保规划，保护、优化旅游资源和环境，维护整个县域的自然生态平衡和文化系统传承，实现旅游开发与弥渡县经济发展、城镇建设和环境保护的同步发展，达到旅游开发的经济效益、社会效益和生态效益的协调统一。

②阶段目标

近期目标：在旅游资源与环境保护的近期，首先，要提高全民环保意识，使整个弥渡县的居民参与到资源与环境的保护当中；其次，要使各个重点景区（点）的大气环境、水体环境、生态环境、声环境和卫生建设要素等达到相应的标准，为全县旅游业的发展创造一个良好的环境；最后，要特别注重各个旅游区内动植物资源、文化资源及生态环境的保护，确保生态环境良好。

中远期目标：结合弥渡县旅游发展规划的阶段目标，对全县旅游资源与环境保护做出中远期规划，这一阶段的保护重点是整个县域生态系统的保护工作，力争使全县各项环境质量指标达到国家环境质量一级标准，河流、水库、溪流、生活用水达到和保持国家一级地面水质标准，环境噪声不超过规定标准。同时，严格控制游客容量，做好外围地带的绿化环保工作，力争将弥渡县打造成大理州“绿色旅游目的地”之一。

2. 旅游资源分级保护

（1）分级标准及保护要求

在弥渡县域范围内，由于旅游资源价值的不同、现有环境条件的不同，有必要对规划区域内的旅游资源进行分级，并对其实施不同的分级保护，制定不同的保护重点及要求。保护范围按管理目标和强度可分为三级。

①一级保护区

一级保护区内的旅游开发，严格按照环境保护法律法规和各种资源保护法的规定，保护区内生态系统和生物资源的完整性；确保区内空气环境质量、声学环境质量、饮用水质量达到并保持国家标准；地面水体质量至少达到二级要求；保持区内古建筑的风貌，保持和突出原生资源的本质特色，应尽量保持区内自然环境和人文环境原貌。

②二级保护区

二级保护区为旅游区内外围环境协调区，以生态环境、旅游区外围景观的完整性和环境质量为主要保护对象，对景区周边的企业和影响景观的建筑等进行搬迁，不能搬迁的要进行改造，以实现整个环境的协调和谐；控制大气、噪声等环境指标，维护优良的动植物生长生活空间；大力植树种草、绿化美化环境；注意构景建筑与主体旅游资源的和谐统一。

③三级保护区

三级保护区为旅游区和外围环境的缓冲地带，以保护旅游资源和旅游活动的和谐为主要目标，要处理好生活污水和生活垃圾；做好森林抚育改造工作，有目的、有计划地将非游览区更新改造为风景林和观赏林地；对区内的农、牧等生产活动要加以严格控制和管理。

（2）景区景点分级保护

根据上述旅游资源保护区的分级标准及保护要求，对弥渡县旅游资源进行分级保护。

3. 旅游资源分类保护

（1）温泉旅游资源

弥渡县是大理州南部温泉资源较富集的地区，有以白总旗温泉、金龙温泉等为代表的温泉出露点，因此，必须对温泉源作出专门的保护。主要措施包括：一是禁止在温泉出露点建大型设施以及与环境氛围不相协调的景观建筑，保持温泉景观的原生态性以及周围独特的民风习俗；二是加强对工作人员的培训，及时对游客进行环保教育，保护温泉资源的可持续利用。最后该县可以根据情况制定相关的温泉管理办法，从而对温泉进行法制化的管理。

（2）历史遗迹旅游资源

保护对象主要包括以铁柱庙、朝阳寺、密祉大寺、谷女寺、古驿道、金殿窝城址、白崖城遗址、天生桥摩崖石刻、李文学起义遗址等为主的历史遗迹。具体措施如下：一是贯彻执行《中华人民共和国文物保护法》，寻求文物保护的法律支持，严格对文物保护的赏罚；二是对重点文物古迹划定保护范围并设置醒目的标志牌，提醒地方群众和游客爱护；三是保护好旅游区内现存的历史遗迹和古老建筑，禁止在现存历史遗迹和古老建筑上乱涂乱画；四是对于旅游区内历史上曾经存在，现已遭到破坏或不复存在的历史遗迹和古老建筑，采取依照其原始风貌的原则，按“修旧如旧”的原则进行恢复建设；五是禁止在历史遗迹和原有建筑周围修建与其风格和氛围不相协调的现代建筑和新建筑。

（3）民族风情旅游资源

保护对象有《小河淌水》、密祉花灯、铁柱庙踏歌会、洞经音乐、彝族舞蹈、阿尼山歌会、灵宝山歌会等民情风情文化。具体措施如下：一是尊重地方文化、宗教信仰和民风习俗，保护现存当地民居建筑形式民风民俗、民族传统文化形式、传统舞蹈，尽量防止民居、民俗、传统文化、传统舞蹈的异化；二是对已经异化的民居建筑，按“修旧如旧”的原则，尽量恢复其原有形态；三是对当地居民进行民族自豪感教育，加强当地居民对自己特有的少数民族文化的热爱和民族自豪感；四是尽量保护民族村寨原有的民族风情，教育和鼓励当地居民身着民族服装，保护当地特有的民族节日和庆典等。

4. 资源环境保护措施

在旅游资源环境保护中，要坚决贯彻执行相关的法律法规，加强法制宣传和生态意识教育，通过各种形式开展法制宣传，加强公民的环保教育，提高环境保护意识和素质，让当地群众充分认识生态环境保护的重要性，逐步树立环境意识。同时，要提高广大旅游者的资源环境保护意识和自觉参与行为的程度。其具体措施有以下几个方面：

（1）加强法制教育宣传

在当地居民中加强法制教育，坚决执行国家有关法律、法规，在工作中真正做到“有法可依、有法必依、执法必严、违法必究”。通过各种形式的法制宣传教育，进一步提高当地居民的环境保护意识，做到知法、守法。

（2）加大行政参与力度

用强制性命令的手段来管理旅游区的环境，加强对各个旅游景点的统一管理，对各个景点的环境卫生，资源使用，基础建设突击检查。严格目标责任制，实现旅游资源环境保护的“分域管理”“分区实施”“垂直管理”“责任到位”，使旅游环境保护的责权落到实处。

（3）加强公民意识教育

在宣传执行有关法律、法规的同时，要通过各种途径和方法对当地居民及外来游客进行环境、生态意识教育，坚决制止各种破坏环境生态的行为，提高人们的环保意识，自觉保护旅游环境。可利用不同的新闻媒介或举办各种讲座、组织各种群众性的公益活动等形式来向公众传播有关旅游资源与环境保护的知识，使公众对保护旅游资源与旅游环境增强意识。

（二）市场营销与形象推广

1. 营销形象定位

根据弥渡县旅游形象定位研究，弥渡县旅游形象可定位为“灵动乡村·养生弥渡”。其中，“灵动乡村”反映了弥渡县“花灯之乡”“民歌之乡”《小河淌水》创作地的智慧特征和艺术品位；“养生弥渡”体现了弥渡县发展“养生旅游”“乡村旅游”“特色旅游”的旅游特征和发展态势。该核心形象定位在充分体现弥渡县区别于其他县市的地理环境、人文风俗、产业结构、旅游风格等的基础上，确立弥渡县的旅游发展方向，树立起弥渡县在大理州乃至周边地区独特的形象品牌。

按照上述核心形象定位，可采取不同的营销口号：

小河淌水·音乐之乡——密祉乡。

南诏铁柱·标绩全滇———弥城镇。

民歌花灯·扮靓弥川———弥渡县。

双龙海潭·森林热汤———弥城镇。

天下绝景·人间一桥——天生桥。

群雄举旗·英雄千古——牛街乡。

2. 市场营销策略

（1）政府主导市场配合营销

在旅游产品推广初期，弥渡旅游营销应由弥渡县政府和旅游局设立专门的协调和推广机构，在旅游开发商和企业全力配合下进行营销。

（2）聚集目标市场进行营销

根据弥渡县的旅游产品体系，弥渡县在进行旅游营销时要有目标针对性，市场营销活动要具体。目标市场主要有国内外省份的文化旅游市场、亚健康市场、银发市场、高端度假旅游市场，大理州境内的学生市场、教师市场、宗教市场，邻近州市的宗教市场，东南亚朝圣市场以及国外民歌爱好者市场。

（3）网络营销策略

21 世纪是信息世纪，旅游业进入了旅游 web2.0 时代。弥渡县要抓住信息发展的好时机，实现旅游网络营销。其营销方式有：建立与完善弥渡县旅游网站，优化网站的搜索引擎功能，创建旅游论坛发帖推广，创建 SNS 社区进行口碑推广，进入同城信息网、口碑网、打折网等进行有关弥渡旅游信息的海量发布，寻找对口的网站或论坛进行网站合作，利用播客、网络视频进行推广，加盟团购网进行推广，利用相关的 QQ 群发布弥渡旅游信息进行营销。

（4）体验营销策略

从心理学的角度看，体验是指为满足顾客内在体验需要而发生在顾客和公司的一种互动行为过程。体验营销是以互动的方式满足顾客体验需求的营销活动。体验营销的关键是使顾客需求在体验中得到满意。体验营销可归结为“创造需求＋顾客满意＋引导消费”。弥渡县在旅游产品推广初期，应由政府出面，协调各旅游景区和旅游服务企业共同参与，打造“小河淌水音乐节”“弥渡花灯狂欢节”，对前来度假观光旅游的游客，在结束旅游之时，游客可拿着这期间消费的发票到指定机构，享受返还现金或赠送礼物的特殊待遇，也可抽取大奖，中奖者可免除在弥渡期间的旅游费用。

3. 旅游形象推广

（1）大众媒体宣传

应选择相关的、有权威的主要媒体组织形象传播攻势。在方法上，注意文字媒体与声像媒体的结合，形成立体效果。在手段上，利用现代传媒手段，进行网络促销、电话促销，并注意硬性商业广告与软性新闻宣传的结合，产生整体形象传播效应。要有效利用中央权威媒体：一是邀请中央电视台相关频道拍摄播出旅游专题节目；二是与中央人民广播电台联合开办弥渡旅游宣传专题；三是与《人民日报》《中国日报》等联系组织旅游专版；四是邀请中央各大新闻媒体赴弥渡采访。要充分利用省内主要新闻媒体。借助《云南日报》《昆明日报》等宣传旅游产业形象，每月发一至两篇头版新闻、局长专访、县长旅游访谈或深度报道文章；利用《云南日报》《昆明日报》等报纸开办旅游专版，介绍旅游信息，面向公众展开宣传。要开展海外新闻媒体宣传。借助东南亚区域性电视台扩大宣传，主要以新加坡、泰国、马来西亚等主要客源国的电视台为重点，播出弥渡旅游产品的信息。要借助户外媒体进行宣传。由县委宣传部、县文化局、县旅游局组织，在昆明、大理窗口行业联合开展旅游宣传活动。重点在机场、火车站、汽车站、昆大高速公路、祥临高等级公路两边等制作宣传牌展示弥渡旅游风采。

（2）旅游节庆活动

在地区旅游形象的塑造中，主题节庆活动往往和形象塑造紧密结合，这是因为一个鲜明、统一的主题往往能在人们心目中构造一个积极的形象。应积极争办国家级、省级各种专业型、综合型节、会、展、演、赛等。把弥渡宣传成一个充满独特吸引力的地方，树立弥渡友好热情、文化多元、民族风情绚丽、扣人心弦的形象主题。应举行大型会议、展览等焦点事件来吸引公众传播媒介，产生光环效应，把弥渡宣传成一个令人向往的地方。应每年举办音乐节、花灯节与梨花节、使这些活动成为旅游目的地永久性、制度化的旅游识别标志，同时，配以一系列小的事件来吸引有各种志趣的游客。

（3）公共关系传播

“五一”“十一”、春节前连续在国内主要客源地组织面向公众的旅游形象推广活动。选择一批特殊公众不定期地向他们寄送宣传资料和最新信息，充分发挥他们的口头宣传作用，以树立弥渡旅游业的良好口碑。每年组织一次弥渡旅游知识大奖赛活动，加深社会公众对弥渡旅游业的认识和了解；与有关媒体合作，不定期地组织旅游栏目的热心观众、读者座谈、联谊，听取其意见；借助各行业协会的力量，每季度或每半年组织旅行社、饭店、车船公司、景区、旅游商品生产厂家等专业门类，分别召开市场分析通报会，加强业内交流。

（4）市场促销活动

市场促销是推广弥渡旅游整体形象的重要手段，与媒体的宣传密不可分。为了有效地开展弥渡县旅游形象的市场促销活动，需要从以下几个方面开展工作：

一是根据不同客源市场的消费取向，重点宣传推广单个旅游产品的分体形象，以分体形象充实、提升整体形象；二是组织赴省外、州外的大型联合促销活动，突出整体优势和旅游形象；有针对性地参加国外、国内及区域性的旅游展销会、交易会、博览会，整体展示弥渡旅游形象；三是制作多品种、多语种的旅游声像制品，以不同的媒介传递各种形象信息，完善已有的弥渡旅游网站，充分利用互联网宣传旅游整体形象，不断更新、充实，扩大覆盖面；四是聘请文艺界著名人士担任弥渡旅游形象大使；借助他（她）的人格魅力和艺术才华宣传与传播弥渡旅游形象。建议以歌唱过《小河淌水》的宋祖英、谭晶、范琳等人为形象大使。五是采取旅游专列、专车巡回散发旅游宣传品、演出和展览等方式宣传弥渡的旅游形象。

参考文献

[1] 李荣锦 . 江苏特色小镇 2020［M］. 南京：江苏人民出版社，2020.

[2] 王永昌 . 走进浙江特色小镇［M］. 杭州：浙江大学出版社，2018.

[3] 韩彩云 . 特色小镇网络设计与布线［M］. 北京：北京邮电大学出版社，2019.05.

[4] 王利华 . 走进浙江特色小镇［M］. 杭州：浙江工商大学出版社，2017.

[5] 欧永坚 . 中国特色小镇发展报告 2019［M］. 北京：中国发展出版社，2019.

[6] 中国发展研究基金会 . 迈向高质量特色小镇建设之路［M］. 北京：中国发展出版社，2018.

[7] 张安民 . 特色小镇旅游空间生产公众参与的影响机制研究［M］. 杭州：浙江大学出版社，2018.

[8] 刘海斌 . 中国特色小镇从存活到夺目特色小镇全新价值链构造及价值创造过程上［M］. 成都：四川大学出版社，2018.

[9] 陈青松，任兵，通振远，等 . 特色小镇实操指南策划要点运营实务落地案例［M］. 北京：中国市场出版社，2018.

[10] 孙文华 . 特色小镇［M］. 北京：中信出版社，2018.

[11] 王爱霞，明庆忠，刘宏芳 . 国内特色小镇研究回顾——基于文献分析与政策耦合视角 [J]. 中共云南省委党校学报，2022，23（6）：152–163.

[12] 王坤，贺清云，朱翔 . 新时代特色小镇与城乡融合发展的空间关系研究——以浙江省为例 [J]. 经济地理，2022，42（8）：72–80.

[13] 吕波，王辉，周仲鸿，等 . 中国特色小镇空间分布特征及驱动机制研究 [J]. 测绘与空间地理信息，2022，45（2）：45–50，54.

[14] 孟庆莲 . 都市圈协同发展视角下特色小镇的规范健康发展：功能、挑战及其发展路径 [J]. 行政管理改革，2021（11）：74–80.

[15] 王先亮 . 体育特色小镇的产业聚集与空间分布 [J]. 中国体育科技，2021，57

（9）：90–97.
[16] 李海杰，展凯，张颖 . 数字经济时代运动休闲特色小镇智慧化建设的逻辑、机理与路径 [J]. 武汉体育学院学报，2021，55（2）：5–12.
[17] 林赛男，田蓬鹏，李冬梅 . 农业特色小镇竞争力评价与提升对策研究——基于四川省 30 个镇的实证 [J]. 四川农业大学学报，2020，38（6）：764–774.
[18] 侯燚，蒋军成 . 乡村振兴战略下文旅特色小镇持续助力精准扶贫研究 [J]. 现代经济探讨，2020（8）：125–132.
[19] 陆佩，章锦河，王昶，等 . 中国特色小镇的类型划分与空间分布特征 [J]. 经济地理，2020，40（3）：52–62.
[20] 方叶林，黄震方，李经龙，王芳 . 中国特色小镇的空间分布及其产业特征 [J]. 自然资源学报，2019，34（6）：1273–1284.
[21] 黄文军 . 特色小镇的可持续发展问题研究 [D]. 西宁：青海师范大学，2022.
[22] 矣红丽 . 戛洒特色小镇文旅融合的发展模式及运营研究 [D]. 昆明：云南师范大学，2022.
[23] 翟阳 . 特色小镇品牌 IP 形象设计研究 [D]. 上海：上海师范大学，2022.
[24] 赵悦 . 乡村振兴战略视域下长春市鹿乡特色小镇建设研究 [D]. 长春：长春工业大学，2021.
[25] 张海宁 . 开发型文旅特色小镇的策划与规划研究 [D]. 大连：大连理工大学，2021.
[26] 姜振华 . 乡村振兴中特色小镇建设模式与路径研究 [D]. 济南：山东大学，2019.
[27] 曲亚楠 . 康养旅游产业型特色小镇规划建设研究 [D]. 绵阳：西南科技大学，2019.
[28] 张婷 . 冀西北坝上地区特色小镇规划设计研究 [D]. 北京：北方工业大学，2017.
[29] 许灵然 . 浙江省特色小镇品牌影响力评价及其传播优化策略 [D]. 杭州：浙江传媒学院，2017.
[30] 詹杜颖 . 品牌效应下的特色小镇构建研究 [D]. 杭州：浙江工业大学，2016.